高等教育艺术设计专业"十四五"校企合作融媒体系列教材

环境艺术手绘效果图表现技法

主　编　卞观宇　陈舒薇　黎映如

副主编　高　颖　胡　召　左诗琴　朱　敏

参　编　徐　腾　胡　君　谢增福　张　雪

华中科技大学出版社
http://press.hust.edu.cn
中国·武汉

内 容 简 介

　　本书旨在为学生提供全面的手绘效果图技能培训,帮助他们在环境艺术设计领域中更好地表达创意与理念。书中首先介绍了手绘效果图的基本概念及其在设计中的重要性,接着深入探讨了相关的基础知识和实用技巧,包括常用工具、技法解析及效果图表现方法。通过系统的内容安排,读者将能够掌握手绘效果图的创作流程,从基础到进阶,逐步提升自己的艺术修养和专业技能。

图书在版编目(CIP)数据

环境艺术手绘效果图表现技法 / 卞观宇,陈舒薇,黎映如主编 . -- 武汉:华中科技大学出版社,2024.9.
ISBN 978-7-5772-1002-5

Ⅰ . TU-856

中国国家版本馆 CIP 数据核字第 2024XW2321 号

环境艺术手绘效果图表现技法
Huanjing Yishu Shouhui Xiaoguotu Biaoxian Jifa

卞观宇　　陈舒薇　　黎映如　　主编

策划编辑:江　畅
责任编辑:周江吟
封面设计:孢　子
责任校对:刘　竣
责任监印:朱　玢
出版发行:华中科技大学出版社(中国·武汉)　　　电话:(027)81321913
　　　　　武汉市东湖新技术开发区华工科技园　　　邮编:430223
录　　排:华中科技大学惠友文印中心
印　　刷:武汉市洪林印务有限公司
开　　本:889mm×1194mm　1/16
印　　张:8.25
字　　数:193千字
版　　次:2024年9月第1版第1次印刷
定　　价:59.00元

环境艺术设计是一种将创意与现实相结合、美学与功能相平衡、传统与创新相融合的艺术实践。环境艺术设计渗透我们生活的方方面面,从个人的居住环境到城市的公共空间,潜移默化地影响我们的情感体验和文化认同。手绘效果图则是学生们表达自己设计理念的一种方式,反映了他们对空间布局、色彩搭配、光影变化等方面的理解和思考。

在编写本书时,我们致力于将党的二十大精神贯穿其中,强调培养学生的创新意识和实践能力。我们精心筛选并整合了理论知识和实用技巧,旨在帮助学生们于环境艺术设计的学习中找到适合自己的方法和方向,激发他们的创造潜能。

本书的内容安排旨在平衡知识学习和技能训练,不仅重视基础,而且关注行业的最新动态。同时鼓励学生们在设计创作中汲取中华文化的精髓,展现时代特色,使他们的作品能够传达出对美好生活的向往和追求。

鉴于作者水平有限,书中疏漏之处在所难免,欢迎广大读者提出宝贵意见。书中部分图例来源于网络,原作者无法考证,特此一并感谢。

目录
Contents

第1章

环境艺术手绘效果图概述

1.1　手绘设计效果图的概念

设计的绘画呈现指的是艺术家通过双手表达设计理念和美学观点的能力。这种表现形式源自艺术家内心对技艺的理解,目的是展现出设计的形态与美学观念。实际上,这一行为可以追溯到远古时期的石器时代,那时的人们就开始使用画笔描绘出日常生活中的各种对象,并在石头上留下这些图像以供人们识别和沟通之用。这不仅激发了人们的想象力,也提升了他们的创造力,从而开启了一个新的文化纪元。石器时代手绘人面鱼纹盆见图1-1。

图1-1　石器时代手绘人面鱼纹盆

在这个充满高科技的时代,我们生活在一个极度先进的社会中。随着新型材料和技术的发展,一系列全新的思维和观点纷纷涌现,这无疑深刻地影响了我们的生活模式和美学理念。而手绘则是一种具有强大表现力的方式,这种方式在当代的环境艺术设计领域得到了普遍的应用,并且长久以来一直是设计师必须掌握的基础技能及其作品展示的主要手段。同时,这也是环境艺术设计的核心课程之一,是学生们的必修专业课,需要长时间学习以满足市场的需求。店铺手绘稿见图1-2。

随着我们迈入计算机数码替代手绘的新时代,曾经有人担忧:计算机生成的视觉效果可能会完全取代人类的手工艺术作品。然而,事实并非如此,尽管大量计算机生成的效果图已经占据了设计领域,但人类的设计思维与表达方式始终是计算机难以模拟的。

计算机出现在各个行业中并得到广泛应用,对人们的日常生活产生了深远影响,同时也推动了各种行业的技术发展。在设计领域,使用计算机辅助设计极大地改进了传统的创作方式和流程。以前那

图1-2　店铺手绘稿

些需要手绘的烦琐任务现在都交给了计算机。借助计算机可以方便快捷地进行复杂的图像设计,而且可以在设计过程中的任何阶段进行内容调整或添加,从而大大优化了设计效果,减少了所需的时间,降低了工作的压力。因为利用计算机做设计具有优势,所以许多设计公司和学校的学生们对此非常感兴趣,并积极采用这种方法进行创意思考。然而,传统的手绘设计并没有完全消失,甚至有人错误地认为只要熟练掌握了计算机设计工具就掌握了艺术设计的能力。事实上,这是对设计本质的一种曲解,忽略了作为一个设计师必须具备的基本技巧——手绘设计表达能力,导致他们的学习进入了一个误区。因此,我们不能简单地说计算机设计就能取代手绘设计,也不能说手绘表现技法已经被淘汰。实际上,富有灵性的手绘设计作品与僵化的计算机设计作品之间存在显著差异,计算机是无法替代人脑的灵活思维的。视觉设计的造型基础就是通过手绘来展现的,它可以更加真实地反映设计师的视觉思维,并激发人们的想象力。因此,越来越多的人开始关注并且使用手绘设计表现方式,这种技能在当今社会仍具有重要的价值。

作为一名艺术家和设计实践者,我们需要利用绘画技巧去展现我们的想法及审美观念。这种方法能够有效且快捷地捕捉到我们瞬间构思的概念或形式,并在画板上一览无遗——这是一种能让我们向客户展示具体设计效果的方式。此外,此过程也为我们签署合同提供了坚实的基础:借助眼睛看世界(即对事物的感知能力),用大脑分析问题,再用手将其转化为图像的形式——这是一种具有实际应用性的创作思路。

对于未来的设计师而言,熟练运用手绘技巧是必要的,这不仅能提升他们使用数字绘画工具的能力,还能提高他们在空间感知、颜色搭配和光影理解等方面的技能。无论是手绘还是数字化图像,其共同点包括空间感觉、色调联系和形状塑造等方面,而通过学习手绘技巧可以强化设计师的空间思维能力和视觉体验效果,从而进一步提升他们的形态创造力和美学素养。

在这个高速发展的高科技世界,很多需要手工完成的图纸制作任务可借助计算机完成,这导致了设计的周期越来越短,项目也变得愈发复杂。因此,一些大学在环境艺术专业的教育过程中过分强调计算机软件的学习,使设计人员在实际工作中陷入了一种错误的方向,即过于重视数字化技术的表现形式,忽略了设计思路和表达方式的基本技巧培训。直到我们看到那些几乎一模一样的精美的计算机渲染图像,我们开始感到视觉疲惫,这时我们才能从那些充满技巧性的手绘效果图片上看出设计师的灵活思维和创新想法,我们也意识到计算机渲染图像无法完全代替设计师的深思熟虑及他们的独特性格和吸引力。正如绘画作品一般,手绘的效果图展示手法多种多样,富有强烈的艺术感召力。即使到了今天,著名设计师仍然使用手绘的方法来传达创作理念。

当理解了计算机只是提升设计效能与协助创意思考的一种手段时,我们就不必为了寻找灵感而过度依赖它,从而丧失对于设计核心的真挚探索。在这个科技发达的时代,技术手法依然被视为设计教育的关键部分。设计师会把绘画步骤当作一个重要且深入的过程,使其想法以真实并富有艺术性的形式呈现。唯有在思想观念及技巧都得以展现之时,我们才有可能实现设计的有效对话和互动,并且通过使用计算机优化最具思想深度的作品。

通过对优秀手绘作品的研究分析,我们可以更深入地理解设计师的设计思路,而非简单粗暴地感受计算机渲染图像的强烈视觉冲击力。事实上,环境设计中的表现技巧不仅反映于设计成果,也揭示了设计师思维过程的精华及艺术价值所在。因此,越来越多的人开始关注并使用手绘设计展现方式。

作为一个崭新的领域,环境艺术设计致力于对各类自然和人造环境进行优化、调整及应用,旨在更贴合人们的行动和生活需求,同时提升其美学价值。它主要涉及如何通过综合运用各种物理材料和艺术手法来构建实用且美观的环境空间,从而满足个人生活所需的环境空间规划与设计的全过程。环境艺术设计在本书中,主要指室内和室外环境空间设计,如室内空间设计、景观设计等。当前,如何提高绘画技巧和熟练度已成为行业内的热门议题,而学术界对于绘画学习的探讨也各有看法,众说纷纭。这种现象是否意味着我们尚未掌握绘画的基本法则?实际上,只要对绘画的核心功能有一个准确的理解,就能找出其中的规律。

绘画并非仅仅为了呈现设计成果,它实际上是协助设计师推进设计工作的重要工具和方式。因此,我们应理解到,绘画应当与设计思考产生关联,其所描绘的内容也应该反映设计师的创新设计思维过程及其产物。以绘画的方式展现设计师的创造性思维过程,通常会借助手绘设计草图来完成;至于用绘画表达设计师的创意成果,则多依赖于效果图的形式来展示,见图1-3。

所以,学习手绘不仅需要掌握手绘效果图的展示技巧,还需要深入研究如何用手绘方式表达设计师的创新思维过程。只有这样,我们才能真正利用手绘作为辅助设计思考和展现设计成果的工具。

环境艺术的手绘设计是指设计师利用手绘图形来进行环境艺术设计的思考、深化和表达的过程。通过手绘的方式来展示整体或某个部分的设计成果,也就是说,设计师将设计的目标和预期效果在纸质媒介上进行了快速且直接的传递并交流设计信息和成果。

图1-3 手绘效果图展示空间氛围

环境艺术手绘设计和环境艺术手绘表现彼此相辅相成,不可分割。手绘设计的过程离不开手绘表现的参与,而手绘表现贯穿手绘设计的过程。

环境艺术的手绘表达是设计师的主要工作手段,它包括两部分:环境艺术的手绘草图与手绘效果图。

1. 手绘草图

手绘草图一般被应用于环境艺术设计的早期阶段,设计师会利用手绘草图来搜集设计元素或者捕捉自己的创意构思。例如,著名的瑞士建筑师柯布西耶在设计朗香教堂的过程中,就运用了这一手法激发他的创造力。

手绘草图可以分为两类:意向型和分析型。

意向型草图是一种用于捕捉设计构思中短暂思维火花的工具,并不需要深度和详细描述。环境艺术的手绘草图概念构思见图1-4。

分析型草图主要是针对设计的各个部分进行相互联系的研究和初始图像设定的基本形式,它可以通过文本和图画的组合来展示(图1-5)。这种类型的草图一般用于方案设计初期,重点研究空间的功能性和形状等元素之间的关系,在这个阶段,设计师不需要精确地描绘形状,而是通过使用简单符号并附带文字解释的方式来表达创意构思。

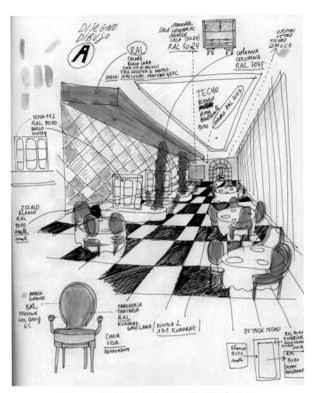

图1-4　环境艺术的手绘草图概念构思

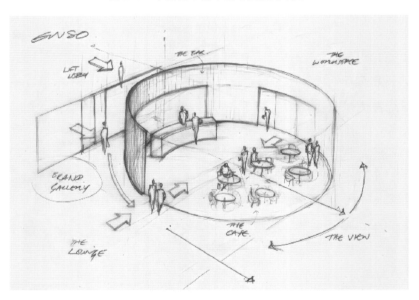

图1-5　圆形空间室内分析型草图

　　概念设计阶段会使用意向型草图和分析型草图,并且两者会交替使用,这样做是为了深度分析。深度分析为设计方案的构建和展现打下了基础。

2. 手绘效果图

　　在传统观念中,手绘效果图是通过精细的手绘艺术方式来展示设计成果的预期图像,是在原始的手绘草图上进行的更深层次的描绘,并且其展示的空间、材料、颜色以及氛围都非常完善。

　　手绘效果图在19世纪八九十年代非常流行。到了20世纪中后期,计算机虚拟现实技术取得了更进一步的发展。因此,计算机生成的效果图应运而生,它凭借着逼真的材料展示效果及便捷的更改功能,在一定时期内受到了热烈欢迎。然而,随着设计师对设计流程和思考模式理解的加深,环境艺术的手绘设计及其表达方式因其独特的核心价值而在现今的设计工作中发挥了重要影响。室内办公空间手绘效果图见图1-6。

图1-6　室内办公空间手绘效果图

　　在设计领域中,设计师们不再仅仅将重心放在设计成果的呈现上,而更多地将其视为设计师特有的图形化思维方式,以此来协助设计师抓住灵感,快速选择最优设计方案。

　　手绘效果图和电脑效果图各有其长处与短处。手绘效果图在表达设计效果时,能够更加灵活地展现设计师的个人风格,包括画面风格和设计重点。

1.2　环境艺术手绘效果图的类型与特点

　　设计流程包含了持续修订与优化的过程,每个步骤都依赖于阶段性的视觉呈现来推进。所以这种类型的绘画表达方式具有类似于工作初稿的特性,它反映出设计师当前阶段的想法并可用于评估问题,从而推动后续的设计改良。

　　手绘效果图主要目的是向公众展示其设计结果。在计算机呈现技术还未广泛应用时,设计师通常依赖精湛的手绘技巧,如精准的空间环境、细节物件、材质颜色及光线布置等方面的描述,以预先向观众展现建筑内外完成后的情况。如此一来,在项目开始前,人们可以清楚地评估设计效果的好坏,进而确定项目的执行与否。这样的方法能尽可能真实地模拟现实情况,使人身临其境,因而成为评判设计质量的关键因素,并为大众提供了有力的参照标准。

多样化的手法与形式构成了环境艺术的手绘表达,而各种不同的风格也在其中得以体现。设计的绘画展示具有广阔的使用领域,此处指的是依据各个设计环节中的特定需求来确定的表现方式、技巧、样式及其程度,这些都影响着实际使用时的覆盖面。

1.2.1 环境艺术手绘效果图的类型

1. 前期设计的创意规划草案

这种类型的图像以记述式草图的形态为主导,部分具备标志性质,具有迅速描绘、自由涂鸦、线条粗糙、标识明显等特质。创意规划草案是一种常被设计师用于搜集信息和思考计划的手绘草稿方式,其绘画手法非常自然且不受限制,形状各异,个性独特,也是设计师用来高效传达设计理念的一个极为独特的展示手段,如图1-7～图1-9所示。

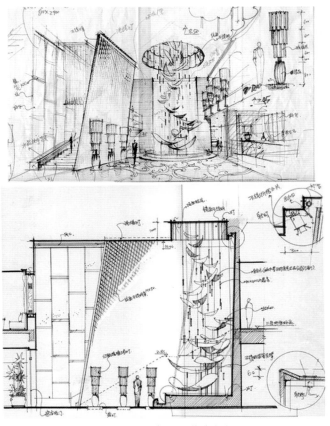

图1-7 创意规划草案(1)

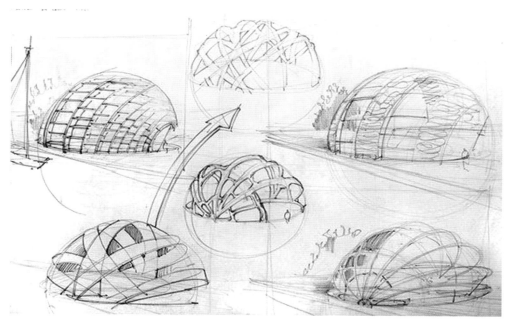

图1-8　创意规划草案（2）

图1-9　创意规划草案（3）

2. 设计中间阶段的设计评估图像

这种类型的图像是以捕捉设计理念、审查计划、展示环境总体特性和部分空间构造为主题的设计素描，尽管画风较为粗糙，但环境形状特征和空间构建模式却相当明显，设计师通过各种绘画技巧来展现个性化的审美品位和艺术创造力。设计评估图像基于研究规划思路，具备探索性质、识别能力和艺术价值，即使某些区域可能没有完全被绘出，但它们的设计目标和设计样式仍然能够清楚地传达出来，如图1-10～图1-12所示。

图 1-10　设计表现图(1)

图 1-11　设计表现图(2)

图 1-12　设计表现图(3)

3. 构建详尽的预期视觉效果图像

这种类型的图像被视为一种全面的设计展示。其主要优势在于能完全呈现设计的预期结果和艺术特性,如实反映设计的设想,并直接展现设计的理念。绘制过程中,应注重整体规划的合理性、构造的严密性、材质的明确性、颜色的多样性、比例尺寸的一致性、环境氛围的真实性以及艺术风格的显著性,具体的指标包括视角比例精确、空间感强烈、颜色搭配和谐、环境氛围与物质质感真切可靠等。这是设计最后环节的视觉效果示例,如图1-13、图1-14所示。

图 1-13　黑白手绘草图

图 1-14　室内场景设计草图

1.2.2　环境艺术手绘效果图的特点

1. 实际性

手绘效果图致力于展现出真实的环境效果,并且忠实于环境的实际气氛。环境的空间尺度比例要精确,空间结构要合理,颜色、材质以及呈现的场景气氛都应该与实际情况一致,这样才能保证其真实性和可信度。

2. 独特性

视觉效果的设计通过各种画笔技巧和工具展示了设计的具体要求,由于这些技术的选择和使用者的个性与能力差异而具有独有的艺术特征。这种艺术特征与其说是由设计师的审美水平决定的,不如说是他们整体艺术能力的展现。

3. 便捷性

手绘效果图的绘制会耗费大量的时间,但其能使设计师在短期内迅速找到设计灵感,快速且便捷地使用工具,以生动的方式展示出设计预想图。

4. 创新性

手绘效果图不能与实地照片相混淆,也不能直接复制已有的环境空间进行展示,它是一种全新的环境空间创意设计,是设计思考过程的视觉标记,也是设计思维形象化的媒介和呈现方式(图1-15)。

图1-15　室内设计手绘图案例

1.3　环境艺术手绘效果图的教学意义

对于环境艺术家而言,环境艺术手绘效果图往往能充分反映其创意理念,重视设计的思维过程及呈现方式是环境艺术手绘效果图最基础的目标。环境艺术手绘效果图是一种连接设计师与客户或同行业者之间的工具和渠道。熟练掌握技巧的设计师会迅速产生并扩展他们的想法,通过绘画实现这种快速且无限制的创作,使他们可以根据自己的意愿自由地展现这些想法。这样一来,无论面对的是哪种类型的客户,都可以立即建立有效的对话平台。

相比于其他方法,环境艺术手绘效果图更能有效地实现沟通和传达信息。因此,对于环境设计师来说,学习并精通各种表现技巧至关重要,这也是目前许多艺术学院环境设计专业学生的必修课之一。值得注意的是,表现技巧的教学具有独特的意义:它要求学生用双手"思考",因为这种教育模式符合这个领域的职业特点。在这个领域,所有的想法都需要以绘画的形式呈现出来,结果在很大程度上依赖于画笔的能力和技术风格,即思维引导工作的过程。在表现技巧的课堂上,我们需要同时提高思考能力和技术熟练度,这样才能够让我们的设计思想和设计表达在图纸上保持统一。重视实际操作的重要性,是我们掌握表现技巧的核心。

"环境艺术手绘效果图"这门课的所有特点都由其职业特性确定,"用手指思考"这个概念需要贯穿这门课程的学习过程。

Huanjing Yishu Shouhui Xiaoguotu Biaoxian Jifa

第 2 章

环境艺术手绘的基础知识

2.1 环境艺术手绘的基础材料工具

2.1.1 线稿用笔

手绘效果图线稿所使用的笔有很多种,如钢笔、制图笔、签字笔、铅笔和圆珠笔等。这些笔最大的特点是它们能够表现出强烈的线条感,同时又各具特色。

1. 钢笔、制图笔、签字笔等硬质类笔

钢笔、制图笔、签字笔等硬质类笔主要用于绘线。它们有着坚固且锐利的笔端,通常呈现单一或者黑灰调色彩,但也可以提供多种不同的色彩选项,其产生的线条既直接又有力道,并且明晰可见。通过调整握持的角度可实现对线条宽度的控制并产生丰富的视觉效果,其创作手法一般分为三类:基本为平涂的手稿技巧(素描)、强调轮廓与细节的表现方式(线描)和结合阴影元素的多层次技艺(综合)。

使用素描技巧时,主要侧重于展示光影效果,一般通过使用多种线的形状或者点的大小差异来呈现黑色、白色和灰色这三种基础色彩,以此展现物体的亮度与深度,同时构建立体感和空间感。这种绘画方式更逼真,可使画面更加多元化;可以根据不同的材料选择合适的线条类型来表达质地;组织的线条需要遵循一定的规则,以便实现视觉上的一种和谐与美感(图2-1)。

图 2-1　素描

使用线描技巧时,主要运用的是钢笔或针管笔的基本绘制方法,即通过线条来构建物体的外观形态。这种绘画方式如同中国传统水墨画所采用的白描手法,强调对线条的使用以勾勒物体的边界,而非关注光影的变化。然而,尽管如此,点、线、面这些基础视觉元素仍然会出现在作品之中,并且注重其内部构造与线条之间的联系。应保持手部的松弛度,同时保证线条的清晰明确,追求线条的顺畅流动性和形状的一致性。通常情况下,我们按照自上向下、从外部到内部的方式进行线条的勾勒,避免线条交错和轮廓重复。此外,线描图像常常被用于为淡彩、马克笔、彩色铅笔、水彩等多种颜料形式的作品提供底层设计(图2-2)。

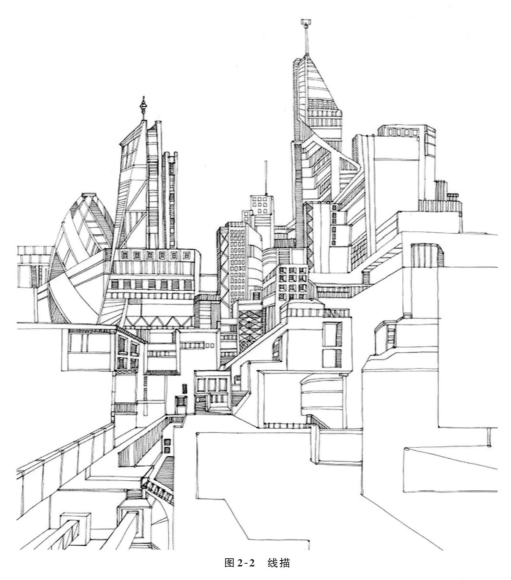

图2-2　线描

在实际的应用场景中,通常会使用综合画法来表达钢笔和针管笔的单色效果。这种综合画法是先用线条描绘出形体的外轮廓,然后通过排列线条或者添加点表现出物体的明暗关系以及虚实变化(图2-3)。

图 2-3　综合画法

对于小规模的作品来说,使用钢笔或者针管笔是合适的选择,因为它们能够创造出灵活且富有活力的线条,使整体视觉效果更加鲜明。而借助其他设备(如绘图板等),能进一步提升线条的精确度与规范化,从而让整个画面变得更为细致和严谨。此外,环境背景中的元素可以在现实基础上做适度的夸张和扭曲处理,以增强其真实感和立体感。而在对场景进行简化和抽象化的过程中,可以通过调整黑色、白色和灰色之间的关系来增加设计感,并赋予作品一种独特的装饰风貌。

2. 铅笔

铅笔的主要特性在于其具有不同的硬度等级,使用户能够依据个人需求做出挑选。铅笔不仅适合用于初期的草图设计,也同样适合用于最终的作品呈现(铅笔效果图),被认为是在初步构想和草图制作过程中最常用的工具之一。由于其便利性和灵活性,铅笔能有效展现细节并增强视觉效果,对于物质结构的描述能力更胜一筹。在效果图的创作上,通过有序地安排铅笔线以适应目标形态、质感等方面特征,便有可能实现期望的效果。与素描中的色调调整和修饰相比,铅笔效果图的绘画方式更加注重预先确定关键点、亮度变化及逐渐加强的过程。一般来说,我们会在铅笔技巧运用中选用 4B 及以上的软铅笔,并且尽可能避免使用橡皮擦。铅笔绘图见图 2-4。

图 2-4　铅笔绘图

3. 圆珠笔

使用圆珠笔绘制的线条具有细腻且平滑的特性,有助于描绘细节。圆珠笔颜色多样,包括蓝色、黑色和红色等,在绘制草图时,通常采用黑色。由于圆珠笔的笔尖为滚动球状结构,所以在绘画过程中需要保持适当的速度,以避免产生过多的墨点而破坏整体视觉效果。建议选用高品质不会滴漏的圆珠笔作为绘画工具。圆珠笔绘图见图2-5。

图2-5　圆珠笔绘图

2.1.2　上色用笔

上色用笔有以下常用的几种。

1. 马克笔

马克笔是经常被用于手绘效果图的着色工具之一,有许多不同的品种和类别可供选择,而且笔体相对较小,便于携带。根据其性质,马克笔可分为水性、油性和酒精性三种类型。

水性马克笔的优点在于其色彩温和清晰、明亮适宜,笔触交错时层次丰富。然而,水性马克笔叠加的频率不应过高,以免覆盖的颜色过多导致画面模糊,或使较薄的纸张出现皱褶变形。

油性马克笔的特质是色彩鲜艳、不易褪色,适合在平滑的纸张上涂抹。然而,如果在吸水能力较强的纸张上涂抹,颜色会更容易扩散,从而使得色彩变得暗淡。

具有高纯度与饱和度的酒精性马克笔的特性在于其丰富的色彩渐变及细致的表现力。这种类型的墨水的透明度使其易于涂抹并可以保持稳定的色彩状态,不会轻易褪色。然而,当用于吸收能力较强的纸张表面时,它的色彩可能会显得较为阴沉。

无论何种类型或特性的马克笔,都具备强大的色彩黏附力和难以更改的性质。此外,不同的马克笔可能有不同尺寸和形状的笔头,需要我们根据实际情况进行选择。只有了解各类马克笔的特征,熟练运用相关技巧,我们才能够在绘画过程中游刃有余。

常见的马克笔品牌有日本的YOKEN、德国的STABILO、美国的PRISMA,以及韩国的TOUCH等。国内也有众多的马克笔品牌可供选择,选择范围非常广泛,如图2-6所示。

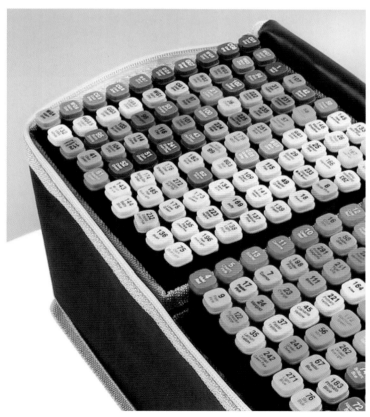

图 2-6　马克笔

2. 彩色铅笔

除了传统铅笔,还存在彩色铅笔。使用彩色铅笔作为手绘效果图的设计工具较为常见,彩色铅笔具有独特的优势:能够平滑地呈现丰富的色彩并保持色彩的自然过渡,无论是绘线还是上色都可以被有效运用。这种工具允许多次涂抹,方便修正,可以使用橡皮擦轻松去除再重新绘制。根据需要,彩色铅笔可以划分为普通型或水溶解型两类,常见的颜色选择包括6种、12种、24种及36种等不同数量组合(图2-7)。

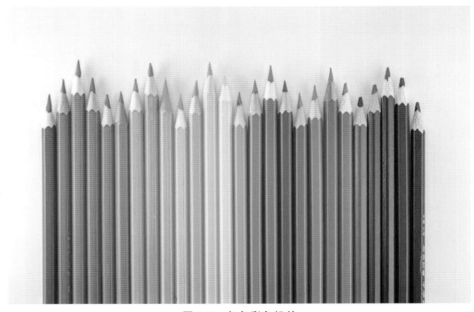

图2-7 各色彩色铅笔

普通型彩色铅笔的主要特性在于笔尖坚硬,可以在细致的彩色线条中展现出来;而对于色彩深浅与透明度的调整,除了依靠颜色自身的变换,还可以借助不同的绘画技巧(如压力大小)来达到理想的效果。

水溶解型彩色铅笔以其柔软的笔芯、强大的着色力和丰富的色彩渐变而著称,能够通过使用水溶解颜料来实现更深层次的效果展示。这种颜料能够溶解在水中,既可以单独呈现素描效果,又可以根据需要添加水分来创造出质感的变化,从而产生水彩画的效果。这种特质不仅克服了传统彩色铅笔在色彩亮度与饱和度方面的缺陷,而且极大地增强了彩色铅笔的艺术表达能力。

使用彩色铅笔时,为了实现设计效果,可以通过调整彩色铅笔的使用力度来改变颜色的亮度与纯度,进而创造出过渡性的视觉效果,最终达到丰富的立体感。因为彩色铅笔有遮盖功能,所以在把控颜色时需要首先用单一颜色粗略描绘整个环境,然后逐步添加细节并精细处理,如图2-8、图2-9所示。一般的彩色铅笔的铅芯是蜡质的,其表面平滑但无法进行颜色调整,会出现暗部不够明亮的情况,因此不适用于大范围的效果图展示,但蜡质的彩色铅笔能够描绘出凹凸有序的肌理效果,通常可以与其他设计工具结合使用。

图2-8　彩色铅笔上色(1)

图2-9　彩色铅笔上色(2)

3. 软质上色用笔

软质上色用笔包括水粉笔、水彩笔和尼龙笔等,见图2-10。软质上色用笔都是用于色彩绘制的柔软的毛刷,种类众多,主要是用来混合和涂抹各种颜料,如水粉、水彩等颜料。这种用笔不仅能独自完成绘画任务,形成独特的艺术表现方式,如水彩效果画或者水粉效果画,而且还可以配合其他工具(如马克笔和彩色铅笔)一起使用。

图 2-10 软质上色用笔

2.1.3 颜料

目前,手绘效果图所需的颜料包括色彩笔、水粉颜料、水彩颜料、透明幻灯(照相)水色、丙烯颜料和喷笔画颜料等。由于各类颜料的性质差异,其应用方式也有很大的不同,呈现出来的效果也各不相同。因此,只有深入了解各种颜料的特性,才能在实际使用中轻松应对。

1. 色粉笔

多种颜色的色粉笔具备了常规粉笔的特性,包括细致的粉末性质及便利的使用方式,并且容易进行更改(图2-11)。色粉笔拥有较大的笔尖,描绘出来的线条较为宽阔,因此并不适合处理大型且繁复的图像,通常被用来表达整体感觉。虽然色粉笔很少出现在手绘作品中,但它们常被用于小型区域的渲染或过渡,如地面反射、屋顶或者特定的光源效果等。此外,色粉笔还能够遮盖透明色并实现色彩的融合,其能与粗糙的纸张配合使用,并在完成绘画后通过喷涂保护液长期保存。

图 2-11　色粉笔

2. 水粉颜料

"广告色"和"宣传色"是人们对水粉颜料的另一种叫法(图 2-12),水粉颜料同样是一种古老的颜色添加剂,其使用技巧类似于水彩画。大部分的水粉颜料含有粉末成分,使其颜色更加明亮且有很强的遮盖力,适合用于大型作品。然而当它们被涂抹到一定的厚度时,干燥之后可能会出现开裂、剥离的现象,所以我们在绘制过程中应避免过于浓厚的涂层。

图 2-12　水粉颜料

3. 水彩颜料

水彩颜料作为一种传统的绘画材料,能够同时搭配钢笔或铅笔来使用(图 2-13)。水彩颜料的色彩范围涵盖了从深至浅的高纯度的各种颜色,这些颜色的深度会随着水分改变而发生变化,即当水分越高时,颜色就会变得越淡,颜色的饱和度也会降低。水彩颜料具有独特的渲染能力,使水彩画呈现出清新、光滑的特点,并能产生独特的效果,使画面色彩更加艳丽且上色速度较快,具备一定程度的透明感,但也存在不易遮盖及修正的问题。

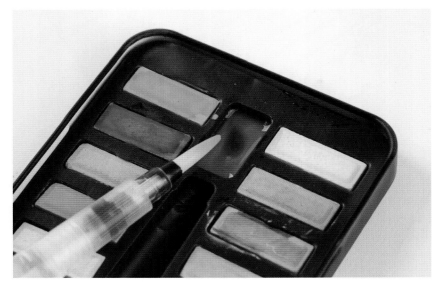

图 2-13　水彩颜料

4. 透明幻灯(照相)水色

在彩色摄影普及以前,透明幻灯(照相)水色被称为液体水彩颜料或彩色绘画墨水,用于为黑白照片和幻灯片着色。它的颗粒非常细小,色质优良,颜色鲜艳,透明度高,着色力和渗透性都非常强,适合用于进行钢笔淡彩或铅笔淡彩表现。

5. 丙烯颜料

丙烯颜料是一种可快速干燥的颜料,由合成树脂作为溶剂与传统颜料混合制成,可以分为油溶性和水溶性两类。

目前普遍使用的是可溶于水的水溶性丙烯颜料,其性能与水彩、水粉颜料相似,可以绘制浅薄的画作,也可以绘制浓厚的画作,具有一定的透明度、鲜艳的色彩和较强的黏附力,还可以抵抗光照并具备良好的防水性能。

6. 喷笔画颜料

进口的喷笔画颜料价格较高,通常可以用水粉颜料或水彩颜料来替代。如果需要大量使用颜色,应在调色盘中沉淀后再使用,这样可以避免堵塞。

所有的颜料都应该根据个人的技术和经济能力来挑选,每一种工具和材料都有其特定的绘制要求。只有在学习过程中不断地尝试和摸索,我们才能在创作时游刃有余。

2.1.4　辅助工具

除了各类用笔,还有一些辅助工具,见图2-14。

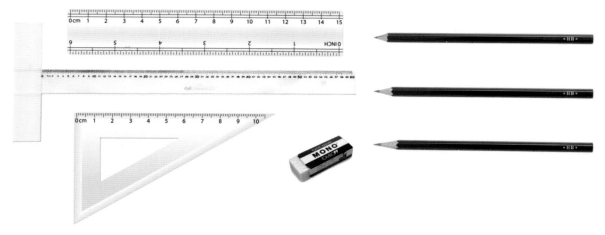

图2-14　一些辅助工具

必备的手绘画材之一就是用于描摹线条的基础测量器——标尺类,如标准长度型测距仪、弯度量计及分隔条等。这些设备通常协助使用者完成各类草图的设计工作并提供必要的颜色调整功能,以实现色彩区域的选择或者填充效果。总而言之,对于手绘设计,无须苛刻地要求其准确性和精确程度,大多数操作都是基于直接手工制作并配合相应的尺寸控制措施。此外,由于手绘效果图绘画方式各异,因此需要相应的辅助设备支持,如贴纸、切割刀、橡皮擦、覆盖板、修正液、装水的容器、吸水布(棉质)等,事先做好预备工作有助于提升绘图速度和效果。

2.1.5　纸张

纸张的选择直接影响图面的表达风格,使用粗糙纹理的纸张能够传达出一种粗犷和豪放的感觉,而使用平整细滑的纸张则会产生一种细腻和柔和的情感。

对于设计手绘效果图来说,需要用到的纸张并没有很高的要求,只要是绘图用的纸都可以使用。常常用于马克笔和彩色铅笔效果图的纸张种类,包括绘图纸(白色)、复印纸(白色)、彩色纸、白卡纸、硫酸纸、马克笔专用纸等。而绘制水性颜料效果图(如水粉色、水彩色、透明水色效果图)时,需要选择相对厚一些的纸张,以免因水的作用导致纸张起皱或者不平整,从而影响效果。

对于具体的设计计划来说,常常使用便宜的复印纸,这是由于其颜色纯洁无瑕,纸质平滑细致并且具有一定的透视能力。除了绘画,复印纸还可被用来复写,尤其当需要轻松地勾勒草图时更为方便,有助于让设计师保持舒适的状态并能更好地激发出设计师的创意思维。关于规格标准方面,常用A3和A4大小的复印纸。

在细节化的绘图过程中,我们往往将粗糙的厚纸作为首选。一般来说,水彩手绘效果图的表现多采用棉质纸,因为这种类型的纸干燥迅速,但它的不足之处在于长时间后可能会褪色。各类带有颜色的纸张可以创造出不同的氛围效果,如在温暖色彩的纸上可以展现夕阳西下的宁静场景,反之亦然。

相比之下,绘图纸的质感更厚实,适合用于制作精致风格的图像,可以通过削去纸张表层来实现错误部分的修正。硫酸纸则呈现出一种半透明的外观,能够有效抵挡油脂与水分的影响,因此非常适合使用针管笔在其表面描绘图案或者图片,再使用马克笔及彩色铅笔进行着色处理,这对创建初步设计的模型十分有用。相较普通纸张而言,水彩纸的水吸收速度更快,重量较大,而且纸张表层的纤维强度较高,不容易出现撕裂或卷曲的现象。

2.2 环境艺术手绘透视基础

在广告、建筑、室内设计、雕塑、装饰及工业设计等多个领域,设计图通过透视的形式向观众展示设计构思。对于从事视觉艺术设计的专业人士而言,透视图是绘制的核心,能创造出真实的视觉效果,并且其还是精确绘图的基础。透视图通过增加立体感,将平面设计图转化为更为生动的画面,这一过程中需要特别注意材质的表现、色彩布局和整体构图,使其不仅是建筑的简单描述,更是具有艺术性的表现。在建筑和室内设计的透视图中,空间的准确表达至关重要,以避免视觉失真带来的不协调和错觉。虽然透视图的制作不必严格遵循传统透视规则,但绘制这类作品需要有扎实的绘画和透视技巧训练,以及对三维形态的深刻理解。透视图并非单一技术,而应与原始设计方案紧密结合,掌握设计者的意图,充分展现其创意构思。

2.2.1 基本术语

PP(picture plane,画面):观察世界的窗口。在透视图中,画面是虚拟的视窗,我们通过画面观察和描绘三维对象的二维呈现。

GP(ground plane,地面):建筑物所在的水平面。地面是描绘和建造建筑物的基础平面,一切结构物都基于这一水平面进行定位和建造,在图中通常表示为一条水平线。

GL(ground line,地平线):画面与地面相交的线,感知深度的重要参照。地平线在透视图中代表观察者眼睛高度所在的水平线,是感知远近和空间感的重要参考点,通过地平线可以推测出物体的高度和远近关系。

E(eye point,视点):观察者的眼睛所在点,透视空间的起点。视点是透视图绘制的基础,决定了观察者如何看到和描绘三维空间中的对象。在透视法则中,所有投射线都从视点出发,经过画面的各点,展示出物体的透视效果。

HP(horizon plane,视平面):通过视点的水平面。视平面定义了视点到画面之间的空间区域,是绘制透视图时的重要参考。

HL(horizon line,视平线):视平面和与画面相交形成的线,决定物体在画面中的位置,常与地平线重合。

H(height,视高):视点到地面的高度,影响观察者对物体的俯视或仰视角度。

D(distance,视距):视点到画面的距离,视距越大,物体看起来越小,反之亦然。

CV(center of vision,视中心点):画面的垂直线与视平线的交点,表示观察者注视的中心。

SL(sight line,视线):视点到物体各点的连线,用来确定物体在画面上投影的位置和形状。

VP(vanishing point,灭点):所有平行线在透视图中汇聚的点,也是透视绘图中的关键点,帮助观察者感知绘图中的深度和三维空间感。

了解这些透视术语和原理有助于我们精确掌握绘制技巧,创作出具有立体感和真实感的艺术作品,并在建筑设计中更好地理解空间布局和视觉效果(图2-15)。

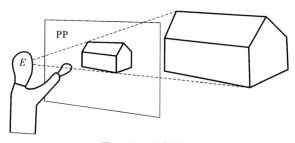

图2-15　透视显示

2.2.2　透视种类

1. 一点透视

在视觉艺术中,当画面中的物体展示出两组线条,其中一组线条与画面平行,另一组则为水平线并垂直于画面,且这些水平线最终在画面的某一点汇聚时,这种表现方式称为一点透视或平行透视。这种透视技法非常适合表现具有强烈纵深感的场景,如庄重且严肃的室内空间,能有效地引导观察者的视线深入画面。

一点透视通过一个灭点(即所有水平线汇聚的点)来展示物体的深度和距离,使得画面具有广阔的视野范围和深邃的空间感。这种透视方式在绘画、摄影和电影中被广泛使用,尤其是需要突出长廊、街道或建筑内部的场景时。

然而,一点透视也有其局限性。由于所有的水平线都指向同一个灭点,这可能导致画面显得过于正式和呆板,缺乏动态和多样性。此外,一点透视在表现复杂的多物体或多层次空间时可能与真实的三维效果存在一定程度的差异,因为现实世界中的视觉感知通常涉及多个灭点。

尽管存在这些缺点,一点透视仍是一个强大的视觉表达工具,能够帮助艺术家和设计师创造具有深度和视觉引导性的作品。通过适当的应用和与其他透视方法的结合,可以克服其局限性,更全面地表达三维空间,如图2-16所示。

图2-16 一点透视

2. 两点透视

在透视学中,两点透视是一种常见的表现技法,适用于需要表达物体角度和空间深度的场景。在两点透视中,物体的一组线条(通常是垂直线)与画面保持平行,而其他两组线条(通常是水平线)则与画面形成一定角度,并分别向两个灭点汇聚。这两个灭点通常位于画面的地平线上,分别对应物体的两个方向。

两点透视的主要优势在于其能够提供更自然、更动态的视觉效果。两点透视通过两个灭点的设置,能较为真实地模拟物体在三维空间中的视觉表现,使画面更加生动和自由。这种透视方式特别适合绘制建筑物的外角、室内的角落或任何需要强调角度和深度的场合。

然而,两点透视也有其局限性。如果灭点的位置选择不当,或者画面中的线条角度处理不当,可能会引起图像的变形。例如,两个灭点过于靠近画面中心,可能会导致画面中的物体看起来扭曲或压缩;两个灭点过于远离画面中心,可能会造成物体形状的夸张和视觉上的不平衡(图2-17)。

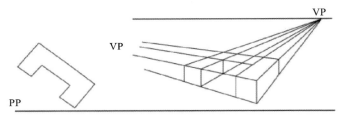

图2-17 两点透视

3. 三点透视

在透视学中,如果一个物体的三组线条都与画面成一定角度,并且每组线条分别指向三个不同的灭点,这种透视方法被称为斜角透视或三点透视。在实际运用中,三点透视通常用于呈现高层建筑的透视效果。这种透视技术可以更精确地表现建筑物在多个视角下的立体感和空间感,从而使画面显得更加真实和具有深度(图2-18)。

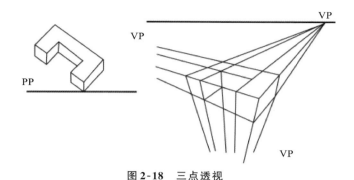

图2-18　三点透视

2.2.3　基础原理

在透视投影中,与画面平行的直线在经过透视处理后,仍将保持与原始直线平行。此外,若原始直线与画面平行且等长,则这些直线在经过透视处理后也会保持等长。如图2-19所示,线段AA'与aa'平行,线段BB'与bb'也平行,同时AA'与BB'等长,aa'与bb'也保持等长。这些规则构成了透视学的基础原理,对于绘画、摄影、建筑设计等多个领域都有着极其重要的实用意义。

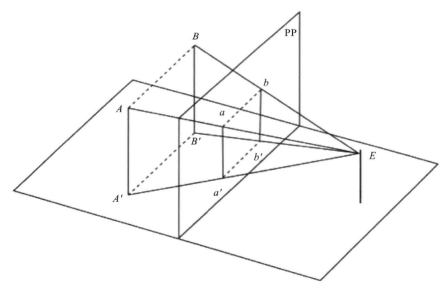

图2-19　透视投影规律(1)

通过分析视觉透视,我们可以观察到以下现象:在画面上,如果直线与观察者的视点之间没有其他干扰,则该直线的透视长度将与其实际长度相同;当画面介于直线和视点之间时,那些平行且等长的直线会表现出一种视觉效果,即远处的直线在画面上看起来比近处的直线短;此外,如果这些直线位于同一平面上,那么靠近画面的直线间距看起来会比远离画面的直线间距大。如图2-20所示,直线AA'的透视长度与其实际长度一致;而直线cc'的透视长度小于bb',bb'的透视长度又小于AA'。同时,cc'和bb'的间距小于bb'和AA'的间距。

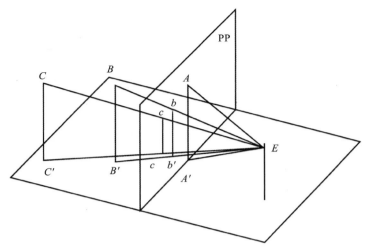

图 2-20　透视投影规律（2）

在透视学中,任何与画面不平行的直线在延伸时都会向一个共同的点收敛,这个点称为灭点。灭点是由视点出发,沿着与该直线平行的视线方向与画面相交所形成的点。重要的是,所有与画面不平行且相互平行的直线都会在透视图中汇聚到相同的灭点。如图 2-21 所示,直线 AB 和 $A'B'$ 在延伸时形成的角度 θ_3 小于 θ_2,而 θ_2 又小于 θ_1。这两条直线在透视图中都指向同一个灭点 V。因为 AB 和 $A'B'$ 是平行的,所以它们的灭点也是相同的。

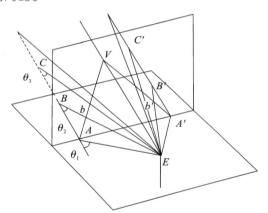

图 2-21　透视投影规律（3）

2.2.4　常见画法

1. 分割和增殖法

在透视绘制中,视点平面和画面的交线称为透视消失线。相互平行的平面会消失在同一条线上,而与画面平行的平面则没有消失线。垂直面的消失线是垂线,它会穿过垂直面上水平线的灭点。平行平面上的平行直线的灭点位于该平行平面的消失线上。

斜形透视是指物体的所有面都倾向于基面的透视形式,其绘制方法较为复杂,如图 2-22 ～图 2-24 所示。

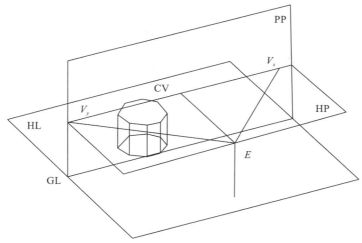

图 2-22　斜形透视（1）

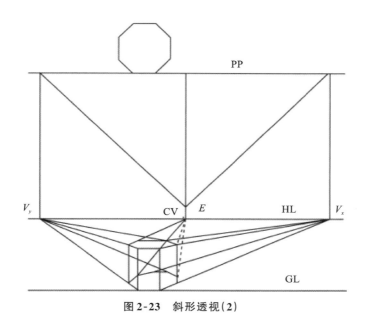

图 2-23　斜形透视（2）

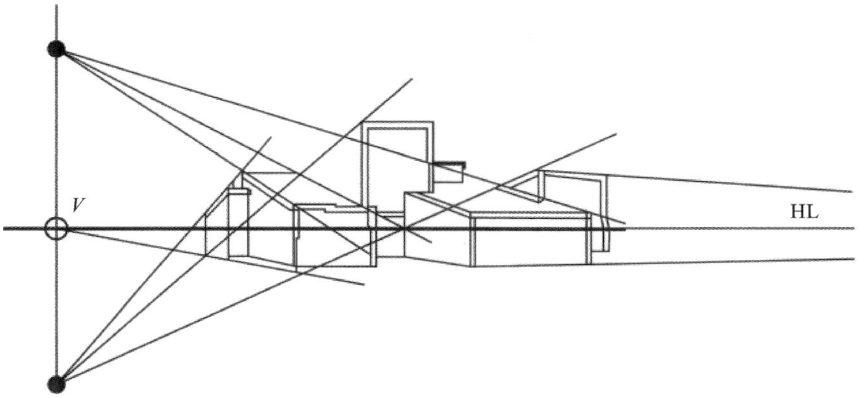

图 2-24　斜形透视（3）

为了简化绘制过程,可以使用分割和增殖法来描绘透视。

如图2-25所示,绘制对角线可以把正方形$ABCD$细分成许多小正方形,即通过延伸对角线交点的水平和垂直线,生成无数个小正方形。

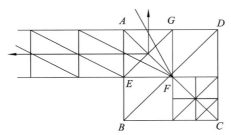

图2-25　分割法绘制透视图

分割法可以应用于透视立方体的绘制中,有助于简化建筑物透视图的制作过程,而增殖法恰好与之相反,如图2-26所示。

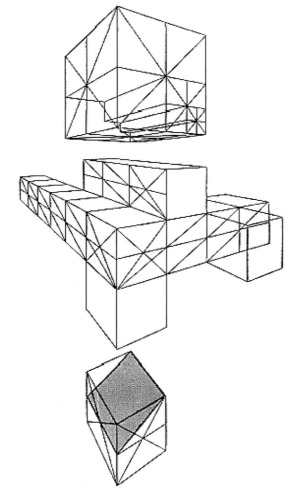

图2-26　增殖法绘制透视图

2. 简略图法

简略图法是一种灵活的绘图方法,虽然不完全遵循传统规则,但仍能精确地绘制透视图。在实际应用中,我们虽然不总是严格遵守图法绘制透视图,但了解基本的图法知识仍然是必要的,在需要时可以简化和调整使用。

在圆的透视图绘制中,六点法或十二点法可用于从正方形推导出圆形。当圆的透视图与画面平行时,除了中心在正中,其余部分均呈现为椭圆(图2-27、图2-28)。

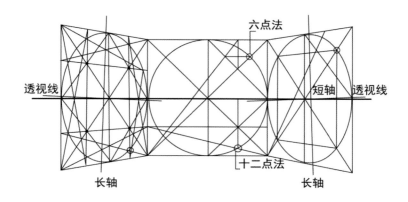

图2-27　圆的透视(1)

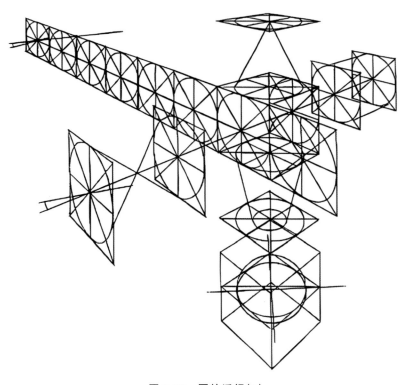

图2-28　圆的透视(2)

2.2.5   室内透视

在绘制室内透视图时,首先需要确定室内布局的主次关系,并突出重要的对象,如墙面、顶棚和家具。这些元素的展示需要通过调整不同的视高、视距和视角来优化表现(图2-29)。室内空间布局应保持合理,避免因角度选择不当而显得过于拥挤或空旷。可以通过添加绿化和小品来补充和丰富画面,增加视觉吸引力。此外,画面的气氛可以通过绿化、陈设和人物等元素来营造,但在此过程中必须保持各元素之间的比例协调,以确保整体视觉效果的和谐。这样的处理不仅美化了视觉效果,还增强了透视图的空间感和层次感。

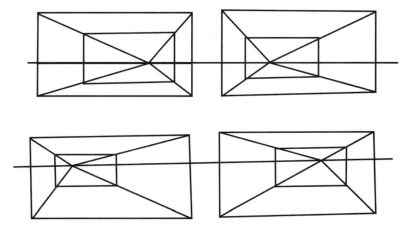

图2-29   室内空间不同视高、视距和视角表达

1. 一点透视求法

在室内设计和建筑绘图中,一点透视是一种常用的技术,用于创建室内空间的视觉表现。这种方法能够有效地展示室内布局和设计元素的深度和空间感。下面讲述详细的流程,以及如何利用室内平面和剖面来求得室内透视。

(1)确定比例尺寸:首先,根据实际的室内比例尺寸确定一个矩形 $ABCD$,代表室内的平面布局。

(2)设置视高:视高线(HL)通常设定为 $1.5 \sim 1.7$m,接近一般成人的视线高度。

(3)确定灭点和参考点。

灭点:在视高线上任意确定一个灭点(VP),所有透视线将汇聚于此。

参考点:在平面图上任意确定一个点 M,作为绘制透视的起始点。

(4)绘制进深点和垂线:从点 M 向矩形 $ABCD$ 的每一个角引线,这些线代表室内向深处延伸的方向。在这些线上根据实际深度确定进深点,并从这些点向下作垂线,确定地面或其他垂直面的位置。

(5)连接灭点与尺寸分割线:连接灭点至墙壁和天花板的尺寸分割线,这些线将帮助确定墙面和天花板在透视图中的位置。

(6)求出透视方格:根据平行法则,从这些透视线和垂直线的交点出发,绘制出室内的透视方格。

图2-30~图2-32展示如何利用室内平面和剖面来求得室内透视:按照室内比例尺寸求出透视方格,这些方格帮助确定室内各部分的位置和比例;在透视方格上画出平面布置的透视图,包括家具、门窗等元素;在边角点上作垂线,量出实际高度点,这些高度点帮助确立家具和其他垂直结构的高度,完成室内透视图。

通过这些步骤,可以创建一个精确和生动的室内透视图,这对于室内设计师和建筑师展示设计概念非常有用。这种技术不仅增强了设计的表达力,也帮助客户更好地理解和感受空间设计。

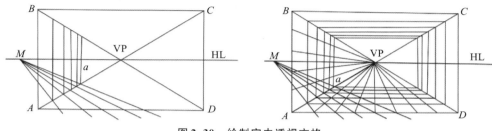

图2-30　绘制室内透视方格

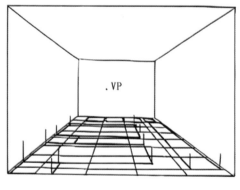

图2-31　绘制平面透视图

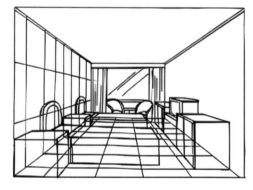

图2-32　按照物体高度绘制室内物体透视图

2. 两点透视求法

下面讲述两点透视的三种常用作法。

1) 作法一

如图2-33和图2-34所示,首先确定墙角线AB作为量高线,并按一定比例设定。在AB之间选定视平线HL,并在B点处画一条水平的辅助线——地平线GL。接着,在HL上确定两个灭点V_1和V_2,并用这些点来绘制墙边线。以V_1和V_2为直径端点,画一个半圆以确定视点E。根据视点E,以V_1和V_2为圆心,确定两个量点M_1和M_2。在地平线GL上,根据AB的实际尺寸画出等分点。然后,将M_1和M_2分别与这些等分点连接,以确定地面和墙柱的透视等分点。最后,将这些等分点分别与V_1和V_2连接,完成透视图的绘制。这一系列步骤有助于准确地描绘室内空间的透视效果,使设计呈现出更为生动和准确的三维视觉感受。

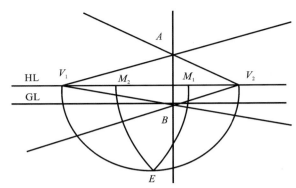

图 2-33　确定两点透视灭点等辅助位置

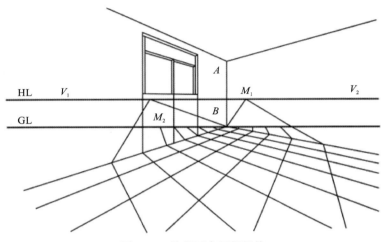

图 2-34　绘制两点透视网格

2）作法二

如图 2-35 所示，首先，在点 P 处画一条水平线 PC，并根据地板格的尺寸对其进行等分。然后，连接 CD 线与视平线的交点 M_1。从点 M_1 出发，与 PC 的每个等分点连线，这些线与 PD 线相交后汇聚于点 V_1，形成透视地板图。采用同样的方法，可以求得 BP 线的透视图并获得窗格的透视效果。这一过程帮助精确地描绘出地板和其他元素（如窗格）在透视空间中的布局，使整个场景的三维效果得以生动展现。

3）作法三

如图 2-36 所示，首先，根据室内的实际比例，绘制出 $ABCD$ 的边框。接着，确定视高线 HL 和灭点 V_1，并设定点 M 以及 V_2 的灭点线，用以确定第二灭点的透视框。然后，使用点 M 来确定空间的进深度，找到 CD 线的中点 O，并连接 V_1 与 E、d 点。最后，通过使用对角线、分割和增殖法，绘制出空间的透视图。这一系列步骤确保了透视图的准确性和视觉效果的真实性，有效地展示了室内空间的深度和结构布局。

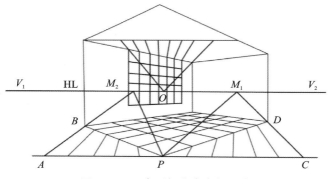

图 2-35　两点透视室内空间画法

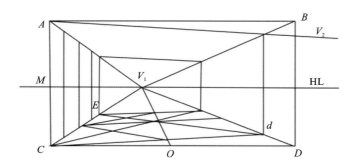

图 2-36　利用对角线、分割和增殖法画室内空间两点透视图

3. 三点透视求法

在绘制超高层建筑的俯瞰或仰视图时,引入第三个灭点至关重要。这个灭点不仅需要与画面垂直的主视线一致,还必须与视角的二等分线保持一致。这种绘图技术可以有效地帮助描绘建筑物在极端视角下的三维立体感,增强图像的深度和真实感。

下面讲述三点透视的三种常用作法。

1)作法一

(1)初始化基点和方向:从圆的中心点 A 出发,绘制三条角度相差120°的射线,这些射线与圆周交于点 V_1、V_2、V_3。将点 V_1 到点 V_2 之间的线段定义为水平线HL,它将作为后续步骤中的参考基线。

(2)设定视点:在点 A 的透视线上选取一个点 B,这个点 B 将作为观察者的视点,从这个点出发的线条会帮助建立透视关系。

(3)构建透视关系:从点 B 向水平线HL绘制一条平行线,该线与 AV_1 交于点 C。这里,线段 BC 成为绘制中的一个关键对角线,即正六面体结构中的一部分。

(4)完成透视图形:在点 B 和点 C 的透视线上进一步求出点 D、E、F,利用这些点的连线将完成整个正六面体的透视图。这个六面体的每个面通过45°角连接,形成一个均匀且对称的立体结构(图 2-37)。

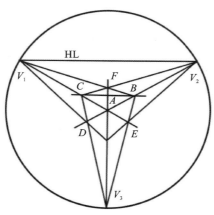

图 2-37 三点透视作法一

通过这样的步骤，不仅可以确保透视图的准确性，还能帮助观察者理解建筑物在复杂视角下的空间布局和结构关系。这种绘图方法对于建筑师和设计师来说是非常有价值的，因为它提供了一种有效的视觉工具来展示和分析高层建筑的设计。

2）作法二

如图 2-38 所示，在绘制超高层建筑的俯瞰图或仰视图中，引入第三个灭点（V_3）可以极大地增强透视效果和空间感。这一作法不仅适用于建筑设计，也适用于任何需要极端透视表达的艺术创作。

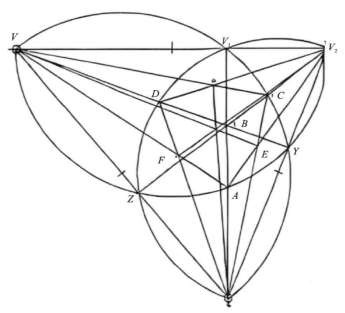

图 2-38 三点透视作法二

（1）在水平线 HL 上标定两个点 V_1 和 V_2，然后将 V_1V_2 的中点设置为点 X，这个点将作为后续圆弧的圆心。

（2）以点 X 为圆心，绘制一个经过 V_1 和 V_2 的圆弧，这个圆弧将帮助确定其他关键点的位置。

（3）在绘制过程中，在点 V_1 和点 V_2 之间任选一点 V_c，从点 V_c 画一条垂直线，使其与前述圆弧相交

于点 A。点 A 将作为后续步骤中的一个关键参考点。

（4）在点 V_c 和点 A 之间任取一点 B。通过 V_1、V_2 和 B 点，延长透视线使之与前述圆弧相交于 Y 和 Z 点。延长 V_1Z、V_2Y，使其在 V_c 到 A 的垂直线上相交，交点即为第三灭点 V_3。

（5）将 V_1V_3 和 V_2V_3 视为新的水平线 HL，在这些线上反复作图，可得到新的关键点 C 和 D。根据 A 的透视线以及 C、D 至各灭点的透视线，完成整个透视图。这一过程中将确定新的点 E、F、G。

通过这种复杂但精确的方法，可以有效地描绘出超高层建筑在不同视角下的立体结构和空间关系，为观察者提供一种深入和全面的视觉体验。这种作法不仅对建筑师有极大的帮助，也对任何需要进行复杂透视绘制的艺术家和设计师具有重要意义。

3）作法三

如图 2-39 所示，在有角透视图上作正六面体，画对角线，然后以任意倾斜的一个边角交点 X 作为基点，求出透视。

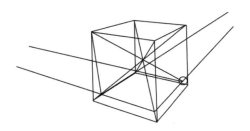

图 2-39　三点透视作法三

2.2.6　绘制要点

在建筑透视图的绘制中，主要建筑物通常应占据画纸的三分之一，以确保建筑物的地面面积小于天空部分，从而营造出稳重感（图 2-40）。为了丰富画面，建筑物的左右两侧应适当留出空间，以便添加配景。如果天空面积过大，可以通过绘制近处的树叶来填补空白区域，增加画面的层次感。透视图需要明确区分前景、建筑物和背景，并通过明度对比来创造纵深感，从而突出建筑物的视觉效果。建筑物的线条应详细刻画，而其他部分则可以简化处理，以突出主体。在透视画中，绘制不同距离的树木可以增强画面的深度和比例感。此外，加入人物、树木、汽车等配景元素不仅使画面更加生动有深度，还有助于观众明确识别建筑物的大小和比例。这些技巧共同作用，可使建筑透视图既美观又实用。

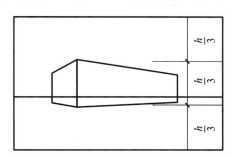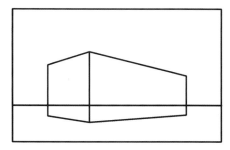

图 2-40　建筑物构图比例

2.3 环境艺术手绘的基础线条技法

设计的速写表达依赖于线条的力量,线条同样也是设计师需要熟练运用的基础视觉符号。线条看起来似乎很简单,实际上线条的变化无穷无尽。对于素描来说,重点在于展现线条之美,而这种美的体现则包含了速度、深度、重量、弯度等多种因素。为了让线条具有吸引力和活力,我们需要进行大量训练。首先,我们可以从水平线、垂直线、斜线、弧线等方面入手,从而培养我们的力量感和灵活性。在绘画过程中,我们要注重线条的表现力,使其既坚韧又富有弹性,同时兼顾弯曲与直率的特点。在教育实践中,应引导学生先学会绘制线条,然后逐步过渡至对立体形状的学习,接着对家居装饰和小物件及室外景色的小型模型进行研究,最终才进入空间结构的综合训练阶段。在构建三维图形的初期,我们通常依靠直觉,需要注意的是线条的美学效果。一些新手可能会过于谨慎,担心自己的线条不够直,事实上,素描中的"直"并非绝对的概念,大致的感觉上有力度即可,若太过刻意追求精确,反而失去了它的价值。毕竟,素描是一种艺术形式,每根线条都有自己独特的性格,每个笔触都能引发人们内心的情感反应。

手绘设计表达图一般是由线条所构建的。线条的表现力取决于绘制速度、线条厚度的变换。绘画过程中应保持心境平和,避免急躁。对线条进行训练时,需关注在绘画进程中体验到的情感反应,始终留意身体姿态与手指的舒适程度。手绘线条类型见图2-41。

偏锋直线

侧锋直线

中锋直线

细线

粗线

浓线

淡线

毛糙线

先重后轻的线

先轻后重的线

图2-41 手绘线条类型

2.3.1　线条类型

1. 直线

直线包括水平线、垂直线、斜线等。

直线既有坚挺和开阔的艺术特质，又带有生硬和呆板的心理效果。通过笔触的快慢、粗细、长短等差异，直线常常能够提升画面的美感，如图2-42所示。

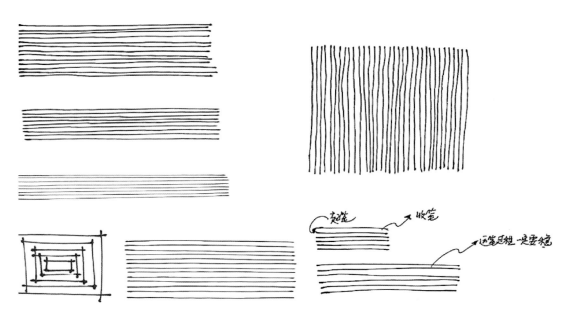

图2-42　手绘直线

在手绘创作中，直线常被用于描绘建筑、家具、玻璃和金属等坚硬且平滑的物体；而短直线的搭配和快慢不一的笔触也能带来新颖的朴质感觉，适合描绘粗糙的石头类物品。

2. 弧线

在手绘创作中，弧线包括圆弧线、波浪线等。

弧线是手绘艺术中经常使用的形态表达方式，如图2-43所示。弧线能够创造出流畅、美观的画面效果，同时也能给人带来轻盈和有弹性的心理体验。在空间设计过程中，我们通常会利用圆弧线塑造圆形的空间，以展示空间的凝聚力。在手绘艺术中，弧线常被用来描绘植物、水体和圆柱形的物体等。

3. 自由线

自由线包括自由曲线、自由凸凹线以及随机线等。

随意绘制的线条被称为自由线，是在无意识地描绘时产生的创新想法。这种线条常用于初始构思的设计方案中，其绘画方式并不受限，也不强求深度细致的表现。自由线的使用可被视为一种表达物体光影关系的手法，如图2-44所示。

图 2-43　手绘弧线

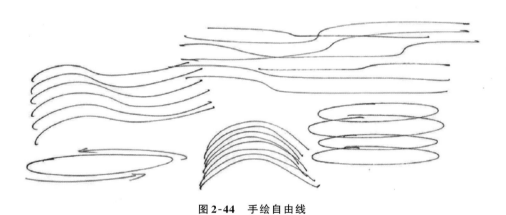

图 2-44　手绘自由线

2.3.2　线条画法

初学绘画的人常常会问：如何使线条看起来流畅自然？实际上，我们需要保持正确的握笔姿势和放松的心态，避免握笔过度紧张，始终记住线条的起点和终点。画单线条的关键在于掌控开始和结束的时机。开始时应有力度地顿挫，而结束时则不能漂浮。同时，需要掌握正确的观察技巧，找出手绘垂直和水平线条的参考物。

1. 直线画法

"快速绘画法"与"缓慢绘画法"是两种常用的描绘线条的手法。在练习过程中应避免出现笔触修正、停顿等行为，忌甩笔、荡笔等错误画法。直线组合练习如图 2-45 所示。

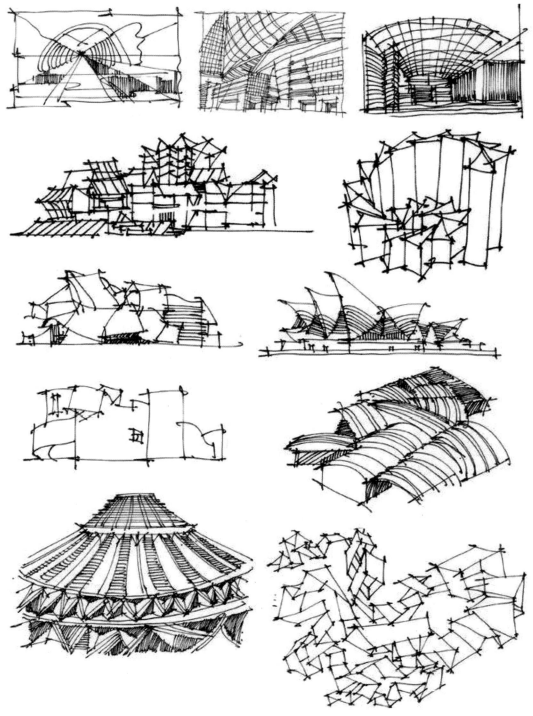

图 2-45　直线组合练习

2. 弧线画法

　　手绘弧线的笔触要稳定、流畅,尽可能保持连贯性,也可以分段进行,在绘画过程中,根据绘画者的呼吸变化来调整笔触的起止,如图 2-46 所示。

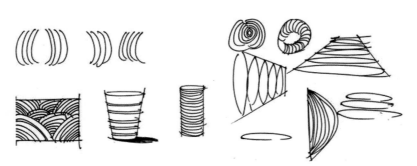

图 2-46　弧线组合练习

3. 自由线画法

运笔合理时,徒手绘制的自由线具有平稳、自由、流畅的特点。在运笔过程中,注重形状和线条的变化。自由线常常用于描绘景观中的植物,表现植物外轮廓的自由变化;也可用于表达物体的明暗关系。自由线可以是直线,也可以是曲线,如图 2-47 所示。

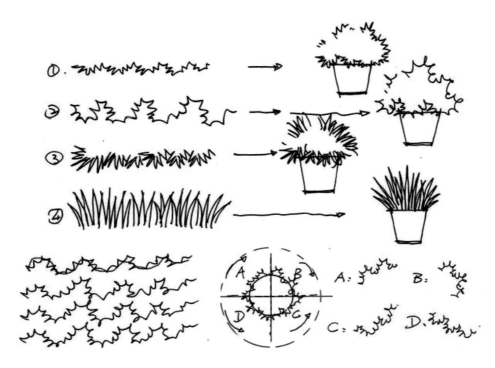

图 2-47　自由线组合练习

2.3.3　手绘线条组织与表现

线条不仅可以描绘物体的形状,还能通过其有序排列来揭示物体的结构、质地、光线强弱和画面的主次关系。

形状构成了画面的中心,也是构建物体的关键元素。每个事物都有其独特的形状,要精确展示空间联系和物体的形态特性,就必须准确理解形状,明确描述其结构关系,正确呈现形状的大小和比例(图2-48)。

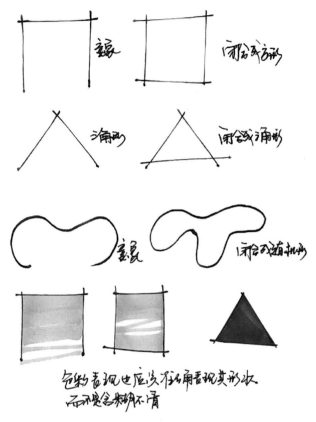

图2-48　形状特点

　　构造线是指物体经过转折后形成的线条。这些线条具有视觉上的透明度、曲率感和结合性等特征。构造线可以是直线,也可以是曲线或者自由线。

　　对于描绘物件的纹理和质地,线条具备强大的展示功能。线条能够经过宽窄、顺畅或迟缓、弯折等的转变及搭配来模仿物品所展现出的视觉体验和情感。线条主要用以描述物体的触感和质量,这通常需要设计者抓住那些可以被简化成线的视觉要素并加以阐述。例如,红色砖块不仅需要勾勒几何形状,还应把显现在外部的洞穴视觉要素转换为不同大小的圆点,这样才可体现出砖块的粗糙特性。线条表现物体特征见图2-49。

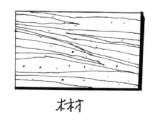
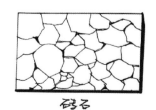

图2-49　线条表现物体特征

手绘设计的目标是增强物体的尺度感和空间分隔感,通常需要突出描绘物体的光影。线条的密度和排列方式能够完美地展示光线和亮暗的变化以及空间的层次感。线条表现体积见图2-50。

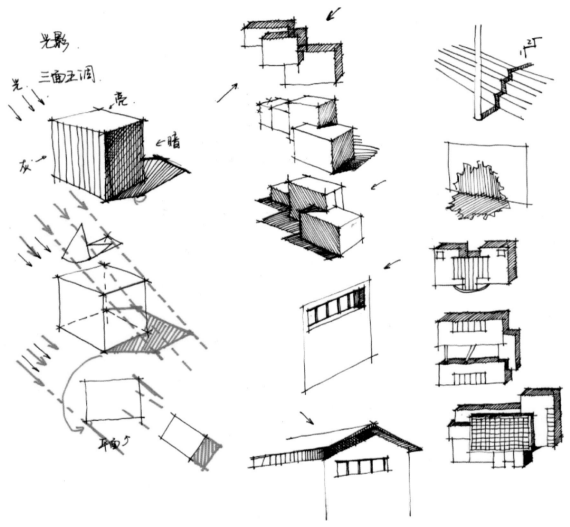

图 2-50　线条表现体积

手绘设计的核心内容是画面空间层次的展示,通过对远景、中景和近景的不同线条组合来实现明暗对比。在使用线条组合来描绘空间层次时,应避免前后一致,缺乏对比性。

作为视觉表达的第一阶段和关键步骤之一,线条的运用对于后续的表现环节至关重要。线条运用得当不仅能增强设计师对接下来工作的自信心,同时线条还是构成画面的主要元素并具有极大的影响力。许多设计师偏爱用笔触勾勒初始草案的原因在于他们相信这可以迅速地反映他们的创意想法。事实上,众多成功的项目往往源于最初的手绘而不是通过电脑生成的结果图像——由此可知,我们应给予足够的关注来培养我们的手绘技巧及使用各种工具的能力(如铅笔、钢笔等),以提高设计的质量水平。

2.4　环境艺术手绘的基础构图

在美术创作中,构建图像指的是根据主题思维的需求,合理地安排展示的内容,形成一种和谐且完整的效果。这是塑造视觉艺术传达观念与审美影响力至关重要的工具。古老的中国画理论上被称为"布置"或者"规划位置"。构造图像的主要目标是理解如何在平面内平衡高度、宽度和深度的关系,以突显重点并提升艺术的影响力。

设计的视觉表达主要是通过在一个确定的空间内,对需要展示的环境元素进行有序排列和组合,以产生一种局部到全局之间的特定结构,包括美术创作要素和呈现方式,也是美学形态的美化直观反映。针对室内外的设计展现图,有效的布局能够让其主题更明晰,重点更清晰,令人愉悦。相反,如果布局不当,会显得无序且杂乱,进而影响整个画面的美观度。因此,布局在室内外设计展现过程中具有重要意义。

设计表现图的基本构图理念是对比和统一,以此为美学准则来实现视觉平衡和艺术美感。其主要遵循的原则包括平衡、协调、比例、节奏、对比和一致统一等。

平衡:图像需要稳定和均匀,以实现视觉上的平衡感。

协调:在空间环境中,各个区域和物体的配合度。

比例:空间及物体的大小关系和尺度感。

节奏:空间层次的递进关系,秩序与变化的动态感。

对比:空间与空间、物体与物体、空间与物体等形成的对比效果。

一致统一:展现图案的稳定和谐及整体效果,呈现协调统一的艺术美感。

就构成法则而言,其形态繁复且多元化,如9×6网格结构、X形构造方式、S形构建模式等。然而对于设计的呈现,这些基本形状在实际应用中并不常见——通常使用的是纵轴式布局或水平线排列的方式来展示视觉效果。虽然受限的空间环境及其对视角的影响使得室内外的设计表达无法像画作那样具有丰富的选择性和创造力,但是它们的组成仍然可以是多种变化并存,需要保证符合主体的内容需求,同时鼓励更多的创新元素加入,以增加作品的表现力和吸引力。

竖向构图、横向构图分别见图2-51、图2-52。

一个优秀的手绘作品需要视觉焦点明显、视觉导向清晰,有利于精确地展现设计师的创新思想,画面呈现出来的环境空间结构要精细完整,具备吸引力。

图 2-51　竖向构图

图 2-52　横向构图

1. 角度选择

在设计环境艺术空间时,无论是室内(图2-53)还是室外景观空间(图2-54)都会被明确地定义为设计创新焦点。因此,应以凸显设计师的创新焦点作为手绘构图的角度选择。

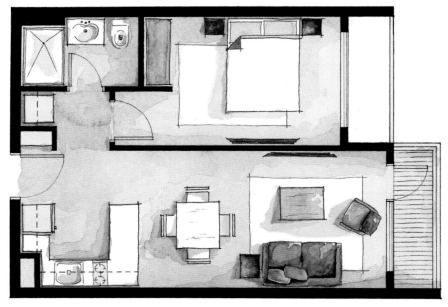

图 2-53 室内结构平面图

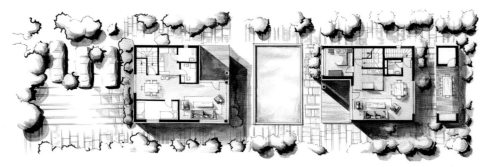

图 2-54 室外景观与室内结构平面图

2. 视点选择

准确表现环境空间特征就需要选择合适的视点。如果要表现高大的空间环境，就应该选择高度较低的视点；如果要表现具有亲和力的空间，就应该选择正常人的视点高度。同一画面只能有一个视点，否则会导致画面失去仿真性，如图 2-55 所示。

3. 布局安排

根据统一和变化的美学原则进行手绘构图，创造出主题突出、布局有序、画面均衡的视觉效果。

4. 视线引导

设计师可以通过视线引导，按照特定的视觉方向阐述其设计理念，并指引人们将注意力集中在他们希望展示的主体上。这种视线引导技巧包括透视线引导法、详细性引导法和色调引导法等。室外、室内空间视线引导示例见图 2-56、图 2-57。

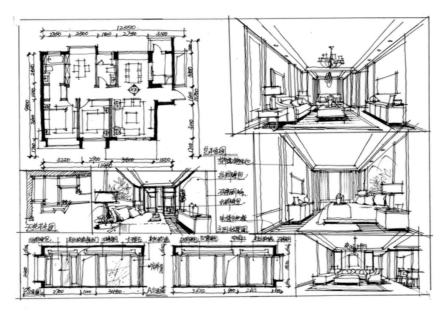

图 2-55　画面分析图

图 2-56　室外空间视线引导示例

图2-57　室内空间视线引导示例

　　优秀的设计效果图,都是利用线条和色彩来精心构建画面。精准掌握构图,设计的呈现就成功了一半。

5. 构图处理

　　构图处理分为"破"与"纳"。

　　"破"的组合方式:从已有的图像框架中找寻能够突破其边界的设计元素,按照透视法则绘制到框架之外,从而丰富了外部形状的多样性和变化性(图2-58)。

图2-58　"破"构图

"纳"的整合形式："纳"并非意味着要包含更多的事物信息，而是需要减少某些次要元素或对框架的描绘做文章，以便让其形状具备容纳的力量与形态。通过对画面边界进行简化处理，如描绘背景植被或家居设施的构造细节，也可以实现"纳"的效果展示（图2-59）。

图 2-59　"纳"构图

"破"和"纳"通常相互作用，有时"破"的外围融合方式可能导致"纳"的外围融合方式出现。无论如何，经过对这两种技巧的研究和实践，熟练掌握其应用后，图像形状的整体协调就能自然而然地被理解并灵活使用，如图2-60、图2-61所示。

图 2-60　"破"和"纳"组合构图（1）

图 2-61　"破"和"纳"组合构图（2）

6. 画面处理

画面处理分为"聚"与"散"。

"聚"的技术应用：通过对非关键区域的内容进行简约化处理或增强视觉焦点与对比度的手法来提升画面的核心形状和质感。图2-62展示了如何利用强力的反差凸显前景的空间展现区域，并把观众的注意力吸引到该区域顶部的柔软布料上。此外，颜色调配也可以有效地强调重要元素。

图 2-62　"聚"构图

"散"的操作方式：虽然"散"指的是图像元素分散，但实际上分散的图像元素被整合到合适的布局中，并通过展现空间内的视线来实现其核心目的——视觉传播。这些视觉信息包括广告的设计页面、文本、喷绘和显示设备等，这种处理技巧通常用于展示设计的预览效果（图2-63）。

图 2-63　"散"构图

　　构图的形式有很多种，但无论环境如何改变，我们都必须始终坚守画面的平衡和饱满原则，如图2-64、图2-65所示。

图 2-64　平衡饱满式构图（1）

图2-65　平衡饱满式构图(2)

Huanjing Yishu Shouhui Xiaoguotu Biaoxian Jifa

第3章

常用技法解析

3.1　色彩基础知识

色彩是光线照射到人的视觉系统中使人形成的感知。眼睛能识别出许多颜色,只有科学地理解和运用颜色,才能获得良好的色彩效果。对颜色特性进行系统分类,可以将其划分为色相、明度和饱和度三个方面(图3-1),色相环见图3-2。

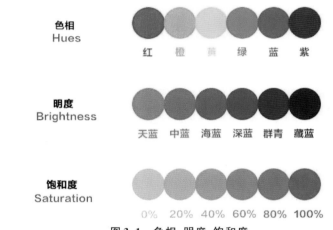

图3-1　色相、明度、饱和度

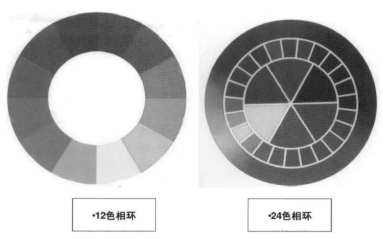

·12色相环　　　·24色相环

图3-2　色相环

1. 色相对比

色相指的是颜色的外观。最强烈的对比总是出现在色相环相反的方向,如红色和绿色、黄色和紫色,这两种颜色被称为补色。当两种补色相邻时,色相看起来不变但饱和度增强,这种现象称为补色对比。补色对比是最强烈的色相对比。

2. 明度对比

当两种颜色的明度不同,且这两种颜色相邻时,明度高的颜色会显示出明亮的特征,而明度低的颜色则会显得相对暗淡。当我们观察到明度差异增大的现象时,这就被称为明度对比。

3. 饱和度对比

色彩的饱和度也被称为色彩的鲜艳度。当两个相邻色彩的饱和度不同时,它们会相互影响。饱和度较高的色彩显得更加鲜艳,而饱和度较低的色彩则看起来更加暗淡。被黑色、白色、灰色所包围的彩色,会给人以更高的饱和度的感觉。

4. 色性对比

色性对比是指颜色的温度差异。在描绘物体颜色的时候,我们不仅需要考虑颜色的三个特性之间的比较,还需要加入颜色性质的对比。某些颜色会让人感觉温暖(暖色),某些则会让人感受到寒冷(冷色),这就是颜色产生的感知效果,通过调整颜色的亮度和饱和度可以控制这种冷暖感。此外,白色的感觉是冷的,黑色的感觉则是暖的,而灰色则处于两者之间。

通常在展示效果图时,我们常用一些具有一定灰度或混合了几种颜色的颜色,而不推荐使用色彩饱和度很高的鲜艳颜色。即使有时为了装饰画面而使用鲜艳颜色,也应该更倾向于使用单一的颜色。

整体的色彩搭配原则是大规模一致、小幅度差异(大统一、小对比),见图3-3。

图3-3　色彩搭配原则——大统一、小对比

通常情况下,温暖或者寒冷的色调构成了整体的表现图像的基础,即暖色系或者冷色系。使用各种色彩将使整幅作品具有一种色彩偏向感,因此选用的颜色应位于24色相环中60°范围内,这样不仅能保证色调的一致性,也能清晰地表达出明度和阴影的关系。有时候,为了保持全画面的色调一致性,背景的颜色也可以不必完全遵循现实情况,例如在夏天,树叶原本应该是绿色的,但是如果要让画面的色调更加协调,就可以把它们调整为别的颜色。

然而,如果画面的色调过于一致,可能会给人带来单调的印象,在某些部分添加对比色可以使画面更具活力。但是,对比色只适合在较小的区域使用,并且需要保持相对的集中性。

3.2　绘图基础知识

模仿能够显著提升我们绘画技巧并扩展我们对事物理解的深度。模仿练习有助于新手快速掌握透视、比例、造型、明暗、色彩等绘制图像所需的技巧。可以通过模仿优秀的他人创作来开展我们的绘画训练。虽然这是一种复制行为,但其目的是让初学者能够更好地理解各类形状、熟练运用不同的技术手段并且了解如何平衡光线与颜色之间的联系,这是一个从理论向实际操作转变的过程中的第一个阶段。我们需要专注于对样本的研究,吸收各家的优点,把所有学到的技巧和展示方式转化为自我使用的工具,最后塑造出属于自我的独特艺术表达形式。

对于初学者而言,第二个阶段的临摹训练就是从照片中提取出视觉元素并将其转化为表达图像的过程。这个过程旨在提升初学者理解空间深度的能力,同时增强他们在构图选择上的控制能力。在此期间,学生可以通过观察平面图片来体验实际的三维场景,还可以根据个人需求调整或者删除其中的部分元素,以使其更加贴近真实世界存在的原则与美学标准。照片练习见图3-4。

当初学者完成了一系列对他人的画作或图片的模仿后,便可开始实际操作的学习阶段。通过此过程,初学者可以在脑海中形成直接的空间感官印象,并将其描绘出的图像与现实状况相联系,从而奠定他们创作的基础。然而,这并不意味着要完全照搬摄影中的场景,而是要在如实反映的基础上,对画面做一些艺术化的调整,以便实现从生活中汲取灵感但又超越其本身的效果。

当在实际环境中绘画时,我们需要把心中所思之景描绘到画布之上,并确保观者能够明确理解我们的创作目的。这意味着我们要强调和增强想要传达的内容。如同撰写文章必须有主题一样,展示图片的核心被称为"视觉引导中心"。为了凸显这一核心,我们可以采取以下策略。

1. 取景

相机镜头的功能类似于摄影师使用的取景器,能够调整聚焦距离并选择宽阔或狭窄视角,同时也能实现水平与垂直方向上的平移。这些操作取决于想要凸显画面中的元素及其情绪的需求。例如,为了突出某个细节部分,需要使用长焦镜片;若想展示整体景观,则需运用广角镜头;如果希望展现建筑物的雄伟姿态,那么就要控制取景器的角度,减少天际线在图像中占据的比例,见图3-5～图3-7。

图3-4　照片练习

　　如图3-5所示,在图空间界面的墙位于中间的心点或者灭点两侧,具有同等的地位,右图灭点偏向图像的一边,凸显一侧的空间界面。

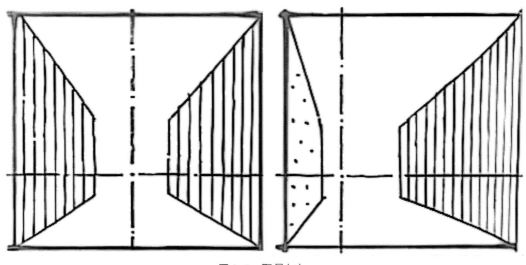

图3-5　取景(1)

如图 3-6 所示,左图通过采用对称的视线导向,增加顶部界面的颜色可以将观众的注意力聚焦在画面后方的物体上;右图视线的不对称性将焦点集中在那些能够控制画面的空间界面墙上,在空间效果的构建中,墙体和地面需要相互补充以提升其表现力。

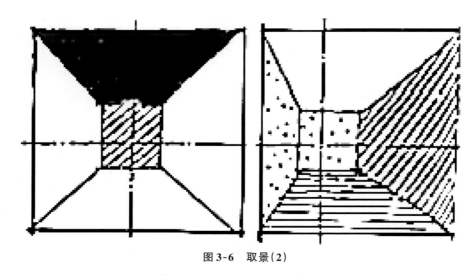

图 3-6　取景(2)

如图 3-7 所示,右侧的灭点偏向图像的一边,凸显了一侧的空间界面。

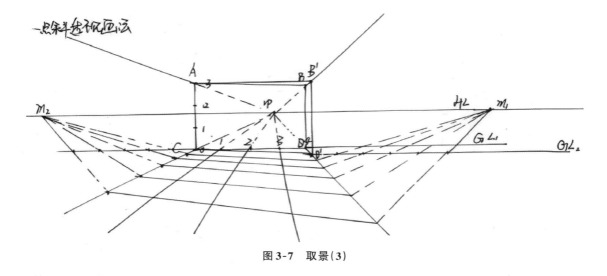

图 3-7　取景(3)

2. 构图

构图的过程是对于展示内容的思考阶段。这是一种能够传达清晰目标的思想历程,包括确定主题、安排素材及建立结构,不是通常理解的绘画流程,而是贯穿始终的绘画活动。

通常的图像展示是由近景、中景和远景三个部分构成的,这种画面呈现出空间的层次感(前、中、后),如图 3-8、图 3-9 所示。

图3-8　以中景为视觉引导中心的构图

图3-9　以远景为视觉引导中心的构图

（1）通常情况下，为了传达设计的核心思想，视觉引导中心往往集中于场景的中部区域。现实生活中物体的形状、颜色和事件错综复杂地结合在一起，然而通过设计蓝图的呈现，这些元素能够被梳理得更加清晰且具体，特别是能凸显周围环境的特点。除了拥有作为视觉观赏的核心吸引力，它还是画面的主要组成部分。所有的创意构思都应以视觉引导中心为中心来展开，包括图像中的简洁与复杂的平衡、光线与阴影的对照、主角与配角的区分等，如图3-10所示。

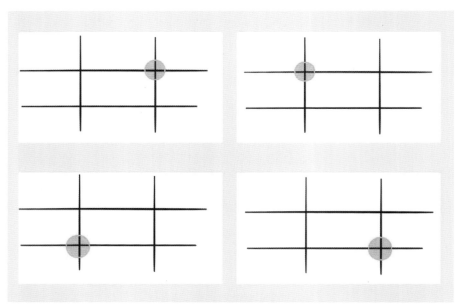

图 3-10 视觉引导中心的四种表现手法

（2）对于非主角的其他元素来说，其数量和位置必须被严格控制以避免抢占风头。此外，虽然辅助性的场景不一定来自画面之内，但它们可以是实际环境中的微型景点或者是在绘制过程中添加的装饰元素，甚至可能是作者自创的内容，只要能够提升主题的吸引力就可以使用，如图 3-11、图 3-12 所示。

图 3-11 不在真实环境中，而是从真实环境附近获取

3. 对比

假若主体和背景都用同样的手法描绘，即使主体描绘得再细致，也会被周围的背景所淹没。我们

可以通过比较主体和背景,如简繁搭配、光影对比、面积对比、虚实对比、动静对比、轻重对比、色调对比等来突出主体。无论是素描还是色彩,或是将彩色转换为黑白,运用明暗对比方式,都能使观者更容易注意到画面的视觉引导中心。无论是黑色对比中的白色还是白色对比中的黑色,都能更有效地烘托原来的黑色或白色,使视觉引导中心的视觉冲击力更强,见图3-13。

图3-12 配景补充和附近借用的景色,提升实景的速写效果

图3-13 黑白视觉引导中心

4. 视觉引导

通常情况下,视觉引导中心位于中间区域,同时,除了要衬托出背景的中部主题,还需要尽力吸引观众的注意力。对于远景,包括天际线的形状、云彩的路径、山脉的外形等元素都应以一种自然的姿态朝着视觉引导中心靠拢。至于近景中的植物、人物、装饰物,甚至地面投射出的阴影都不是随意放置的,它们都是为吸引观众的目光并将其导向视觉引导中心而设计的,见图3-14。

图3-14 视觉引导中心

3.3 马克笔上色的表现技法

"马克"是"MARKER"的音译,代表了标记的意思。马克笔分为油性和水性两类,具备迅速干燥、无须使用水分调整颜色、易于绘画的特点。其画风奔放,如同草稿或速写般的表现方式,是一种商业化的高效技巧。由于它的色彩透明度高,通常需要通过多种颜色的线描来实现更丰富多彩的效果。常用马克笔见图3-15。

然而,需要注意的是,用马克笔绘制的颜色不容易被修正,因此在着色过程中的排序很重要,一般来说应从浅到深;同时,避免过多的颜色混合及涂抹,以免颜色混乱不堪。另外,马克笔的笔尖由羊毛制作而成,较为厚实,黏合力强,能呈现出特有的笔触效果,所以在绘画中应该充分运用这一特性。当马克笔在非吸收性的平滑纸张上作画时,会出现绚丽的色彩融合;而在吸收性的粗糙纸张上作画时,则会有稳定的黑色出现,可以依据具体需求选择合适的纸张类型。

图 3-15　常用马克笔

　　马克笔可以分为水性马克笔和油性马克笔。马克笔的笔头有扁头和圆头两种,使用扁头马克笔可以形成宽窄不一的笔触,通过不同角度来操作扁头的马克笔,可以展现出个人独特的风格。

　　灰色系列在马克笔中占据了核心地位,通常我们会利用它来调整颜色的亮度。在接下来的上色步骤里,我们会使用高纯度的马克笔或彩色铅笔来调整色彩的浓淡和饱满程度。如图 3-16～图 3-18 所示。

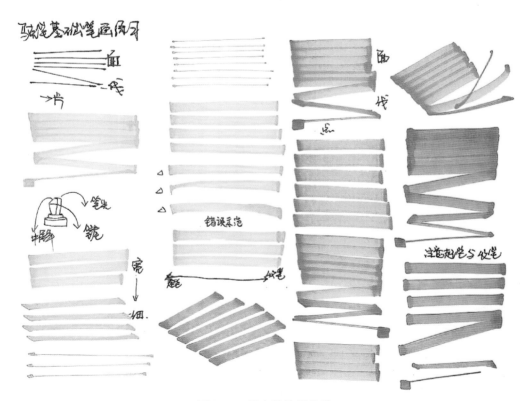

图 3-16　马克笔绘制效果

图 3-17　马克笔笔触

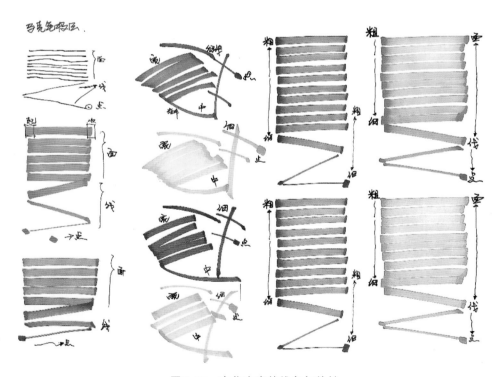

图 3-18　变化丰富的线条与笔触

　　在使用马克笔前，需要预先规划好色彩的分布和绘画技巧。基本的原则是按照从浅到深的顺序来进行手绘涂色。对于那些透明度较高的淡色调，它们更适合搭配黑色或者其他的线条图案一起上色。在作画时应保持精准且果断，流畅地挥洒画笔，一鼓作气完成作品，避免拖泥带水。

1. 马克笔的握笔与运笔

应该保持舒适的握笔姿势,手指能够灵活地旋转笔杆;在书写过程中,笔尖需要紧贴纸面并且与纸面形成45°角,见图3-19。

图3-19　握笔姿势

2. 马克笔表现形式

在使用针管黑线稿作为基础后,可以直接使用马克笔上色。由于马克笔的色彩一经绘制便难以修改,因此在着色过程中需要留意色彩变化的规律,通常要先上浅色,再上深色,见图3-20。

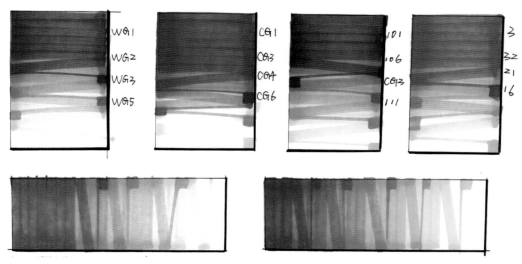

图3-20　马克笔上色

3. 马克笔运笔技巧

马克笔的笔法也称为笔触。马克笔的运笔技巧中最重要的就是笔触。通常,它的操作方式包括点画法、叠笔、线笔、排笔和扫笔等。

点画法:各种大小的点组合起来展现出生动的效果,通常用于描绘树木等植物。

叠笔:通过笔触的重复,来展现色彩的层次和变化。

线笔:分为曲直、粗细、长短等变化。

排笔:不断重复使用同一角度线条的方式,常见于大面积颜色的铺陈。

扫笔:起笔重、收笔轻,多用于画水等。

此外,笔触的排列不同也有不同效果。一般来说,笔触的排列都带有一定的活力和顺序感。

横向排列的笔触常被用于描绘地面、顶部等水平面的深度感觉。这也是一种常见的展示物体竖立面的手法。笔触向上排列常用于展现实木地板、石材地面及玻璃台面等水平面的反射、倒影等效果,亦可用于表现物体横向立面及墙面的深度感。采用循环叠加的笔触,常被用来描绘物体在水面和平滑地面上的反射效果。弧线形的笔触通常用于描绘树木、花草、山石等自然边缘不规则的物体,其笔触的排列方式通常是成组的小笔触,显得自然而生动。

4. 马克笔技法应用

在艺术创作中,对比是常见的美学原则。

1)相似色彩的叠加

在马克笔的冷暖色系中,许多颜色都有着相对接近的特征,而且编号也是比较接近的,即为相似色彩。

当描绘被照射物的明亮部分时,首先挑选与之相近但略淡的颜料,并在其受到光照的部分留下空白区域,接着使用与其相似但是深一度的颜料来覆盖这些地方,这样就能使得该部位呈现出三层不同的效果。绘画过程中应保持一定的规则,即大致朝着相同的方向并形成平行的线条布局。对于阴影部分,则需要选用具有一定对比性的、和前述颜色接近的深色调,同样遵循上述步骤。至于物体的阴影部分,可以采用类似的方法,通过多次涂抹以达到理想的效果。

2)物体亮部及高光处理

表现物体的亮部应该留有空白,对于高光区域则需要增加或者点亮高光,这样可以强化物体的受光状况,使得画面更为生动,并且强调结构关系。

3)物体暗部及投影处理

阴影部分及投射区域的颜色应尽量保持一致,特别是对投射区域可以适当加重其颜色。整个画面的色彩平衡主要依赖于照明区各种颜色的差异,可通过增加空白区域等方式来实现多样的视觉体验。而深层画面的阴影构造则起到协调和调和的作用,即便存在对比也只是细微的对比,需要注意的是避免过度的冷暖反差出现在阴影中。

4）高纯度颜色应用规律

在绘制过程中,纯色的使用需谨慎考虑。如果恰当地运用,画面会显得丰富且生动,否则可能会变得混乱无序。当图像结构复杂时,投影关系也会相应复杂化,因此,在这种情况下,尽量减少使用纯色,并避免使用太大的面积和单一的结构关系。马克笔相关应用见图3-21、图3-22。

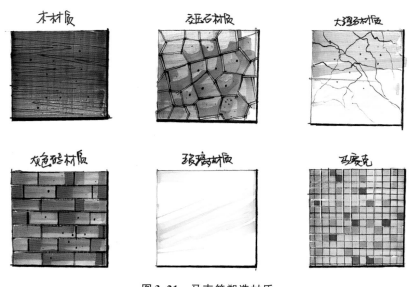

图3-21　马克笔塑造材质

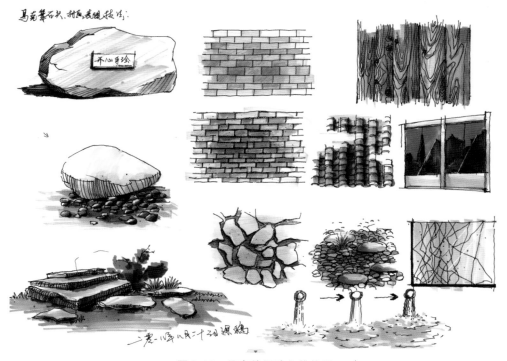

图3-22　马克笔塑造物体体积

5. 色彩叠加

将马克笔根据色彩分成不同的系列,主要包括灰色、蓝色、绿色、黄色、棕色、红色和紫色。色彩分类可使设计师在绘画时更容易找到所需颜色。

尽管马克笔拥有众多色调,但它们并不能完全覆盖所有需求。为了实现更广泛的色彩表现,可以对马克笔的使用方式加以调整,通过叠层或混杂来创造更多种类的视觉体验。两种颜色的交融与堆积由于排序、干燥速度等因素而有所差异,因此产生的视觉结果也会相应地发生变化。此外,这种效果还会受到所用纸张的影响。唯有深入了解这些技巧和材质特性,才能够有效地运用马克笔进行艺术创作。马克笔与彩色铅笔对比见图3-23。

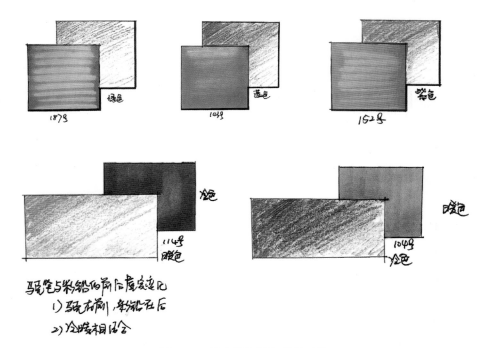

图3-23　马克笔与彩色铅笔对比

单色交错:使用同一种颜色的马克笔反复描绘的次数越多,颜色就会越深。然而,过度的重叠不仅会对纸张造成损害,还可能导致色彩变得暗淡和模糊。

多色交错:可以产生新的色彩,从而提升画面的层次感和色彩变化。但是,颜色的重叠程度也不能过重,否则会使得色彩显得单调乏味。

渐变同色系:马克笔颜色可以划分为多个类别,每一种都包含了渐变。有时候,为了使所描绘的主体更加逼真和精细,我们需要对物体的明暗进行渐变化处理。在这种处理中,两种颜色交会处可以反复涂抹,以实现自然的融合效果。

颜色变化:在使用马克笔绘画的过程中,常常需要处理各种颜色的混合效果。为了确保颜色间的和谐统一,我们应首先挑选合适的配色方案。当开始上色时,可以选择湿润的方式来实现颜色逐渐转变的效果,也可以通过让两种颜色之间产生融合感的干燥方式来完成这种过程,从而获得自然的过渡效果。马克笔叠加如图 3-24 所示。

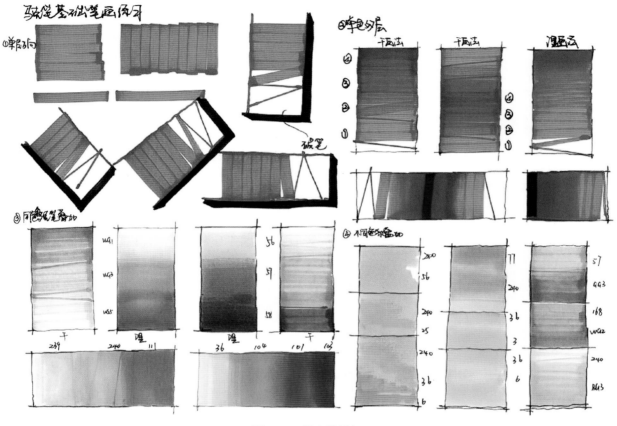

图 3-24　马克笔叠加

6. 几何体练习

在掌握了一系列线描与笔触的基础技巧之后,可以使用常见的笔触绘制几何形状。尽管现实中的物品各式各样,但是它们常以两个主要的几何形式为基础:立方体和球体。例如沙发是通过不同形状的立方体的排列形成的,这些立方体也是所有复杂形状的最小单位,因此需要对它们的着色技能进行强化训练。

通过对立方体和球体展开训练,再把它们互相搭配起来进行实践。马克笔自身的局限性,使其难以实现颜色的平滑过渡,而这正是彩色铅笔可以弥补的地方。彩色铅笔常常被用来调整色阶并产生温度的变化,因此经常会与马克笔一起应用以增强画面视觉效果。我们通常先利用马克笔描绘出物体各个部位的大致轮廓,留下一些笔触痕迹,然后借助彩色铅笔去填充阴影区域,这样就能让立体感的呈现更为丰满。初学者需要花费大量的时间去熟悉如何处理几何形状的表现,并且应该尽量用最少的颜色创造出令人惊艳的作品,避免过于僵化。几何体练习见图 3-25、图 3-26。

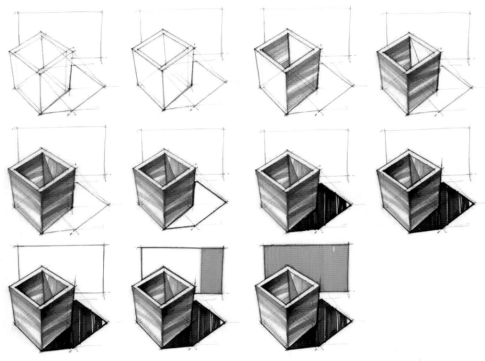

图 3-25　简单几何体训练

图 3-26　复杂物体训练

7. 单一练习

　　训练过程是由浅入深、从简单到复杂的渐进阶段，所以练习也应该按照顺序来进行，从基础的单体训练到空间局部，最终达到完全表现空间。因此，对单体和局部的训练是掌握手绘表现图的关键环节。对于从来没有接触过用马克笔来表现形体的初学者来说，我们通常会建议从简单的单色单体开始。这种方式不仅有助于初学者了解马克笔的特性，同时也能帮助他们在较短的时间内掌握使用单色（相同色系）创造形状，为接下来给物品上色奠定基础，见图3-27。

图 3-27   单体单色训练

在单体单色练习阶段,需关注形状的黑色、白色、灰色的关联及其内在构造与全体之间的联系;涂抹颜色时,应从浅到深逐步累加,不过不要过度反复,通常最多三次即可;使用画笔需要跟随形状的构造,如此才能完全展示形状的感觉;利用单一色彩来表达物件时,重点是展现物件的基本素描关系和立体质量感,见图 3-28。

图 3-28   单个物体训练图

在独立色彩练习阶段,可以对室内和室外各式物品进行涂色。这意味着使用不同的颜料进行匹配与混合,以熟练掌握绘画技巧来构建形状。要关注"笔触"的布局,根据物件的构造来形成形状。绘制过程中应尽量深入描述阴影部分,为物件添加背景颜色,增强其立体感,见图 3-29。

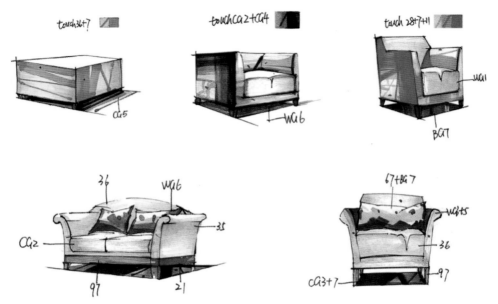

图3-29　独立色彩练习图

　　在维持原有颜色的前提下,进行主观性的分析和处理,以展示其丰富的色彩关系。在暖色调中的冷色扮演了突出重点的角色。

8. 单体组合练习

　　单体组合是指将多个独立的元素融为一体。在展示过程中,需要从整体角度出发,以简洁、概括和生动的方式呈现它们。特别需要关注元素间的配对、颜色搭配、虚实处理以及物品的尺寸和比例等问题,这些都是此阶段训练的重点。具体见图3-30、图3-31。

图3-30　组合上色图

图 3-31　训练示范图

9. 局部练习

　　整体性的区域由多个部分构成。这些"部分",指的是某个特定位置或者物体的一部分或是室内外的一个小地方。通过对房间内各种物品(如桌子和椅子)及地板、壁板、天花板组合而成的微型场景表现的学习能提升我们的技能,并方便我们理解整个场域的主导元素与其周边的环境之间的联系。这种类型的培训需要关注形状间的关联、颜色间的影响力、材料上的互动,以及灯光照射下的效果等方面的问题。具体见图 3-32、图 3-33。

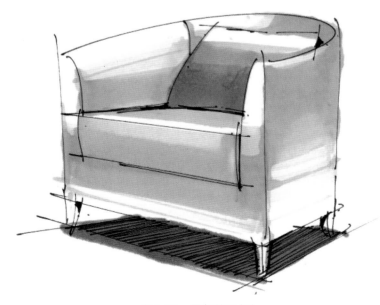

图 3-32　局部练习(1)

图3-33　局部练习（2）

例如，湿画法用于绘制背景的树丛，其虚化程度较高，与前景形成鲜明对比，调性更为浓厚，使得画面具备一定的空间感。要注意石头与草、灌木之间的配置，使其自然而不僵化，见图3-34。

图3-34　湿画法表现树木

Huanjing Yishu Shouhui Xiaoguotu Biaoxian Jifa

第4章

室内效果图表现手法

4.1 室内陈设表现手法

对于室内环境而言,布置的重要性不容忽视。通过精湛的设计布局,我们可以有效地塑造氛围感十足的空间画面。因此,我们需要不断练习并记录下观察与描绘过程,同时注重相关资料的积累。从书本到杂志再到网上的产品照片,这些都可以作为我们在设计室内装饰时的参考来源(图4-1)。

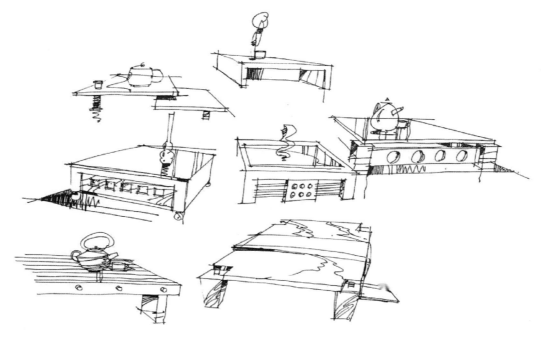

图4-1 陈设草图

1. 家具与家具组合表现

在理解透视关系的基础上,从整体角度出发,不拘泥于细节。在练习阶段可以先从模仿产品图片开始。在对各类产品的形状有了深入理解并且熟练掌握后,可以开始依靠记忆来默写家具产品的外观,然后在合适的时机,根据自己的想象力对所要默写的物体进行造型的调整(图4-2、图4-3)。

当对记忆内容非常熟悉后,我们可以自由发挥想象力来设计各种独特的家装物品。在此阶段,我们需要关注视角的关系并考虑如何使家具、装饰物等元素相互协调或产生对比效果,从而创造具有视觉吸引力的形式关联之美。

当描绘大型家具产品时,首先描绘其基本外观,然后再描绘其内部细节。在这个阶段,我们不仅要关注透视关系,还需要重视家居产品的形状布局,进而对画面中的强弱、虚实等元素进行仔细斟酌。

图4-2　家具组合表现（1）

图4-3　家具组合表现（2）

2. 饰品及电器表现

在创作植物装饰品时，需要多加观察和理解其全局形态。只有掌握了圆形、方形或扇形等的整体形态，才能更好地展现细节（图4-4）。

图4-4　植物装饰品表现

我们需要多关注饰品和电器的时尚设计以及它们的组合，并在脑海中储存尽可能多的展示形态，这样才能在未来的效果图展示中轻松应用。

3. 灯具表现

关注日常生活中各种功能空间的灯具设计及其与视觉高度的联系,掌握以此为基础的惯性视觉透视,装饰氛围的呈现就会变得更加自然(图4-5)。

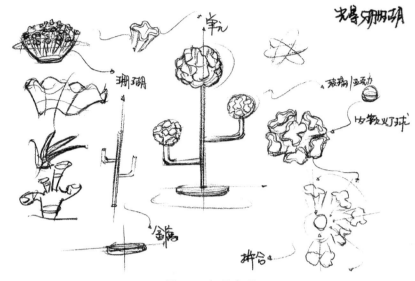

图 4-5　灯具表现

4. 其他物品表现

我们在生活中会遇到许多需要在效果图设计中展示的事物,随时随地进行写生和临摹是学习陈设表达的重要途径(图4-6)。

图 4-6　其他物品表现

4.2　家具材质刻画方法

（1）确保物体的造型准确无误,不能随意夸大变形,需要考虑其各个部分的比例关系。

（2）物体的构造应当合理,需要有结构部分的凸凹、转折和连接等细节的展示。

（3）物体的形状和位置清晰,需要展现色彩的亮度、虚实感和光影变化。

（4）过渡和转折的形态自然流畅,呈现色彩的笔触要和谐统一,并且与形态特征相契合。

（5）物体的线稿和上色需要相互配合,线稿主要描绘出物体的形状和构造特性,而上色则主要展示物体的表面、颜色、光线、材质等属性。

（6）使用上色的方法需要与物体的形状特征相吻合,尤其是在使用马克笔上色时,不仅要展现颜色间的和谐过渡,还需要表现出颜色和笔触之间的自然连接,因此,恰当地运用笔触是至关重要的。

家居装饰品的颜色对于构建整体的环境空间有着重要的影响,它们有时会通过与墙壁、天花板等表面颜色的搭配来创造和谐的空间色调感;同时也会以反差的方式与地毯、地板等表面的颜色相互映衬,从而成为视线的焦点。由于其强大的立体感和质感的特性,设计者需要充分利用颜色去塑造这些家居物品的外观形状（图4-7～图4-10）。

图4-7　家具上色步骤

图4-8　家具色彩表现

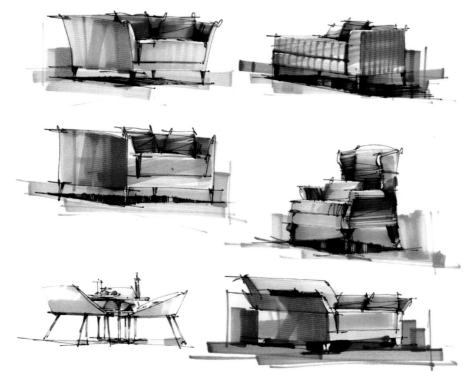

图 4-9　家具表现（1）

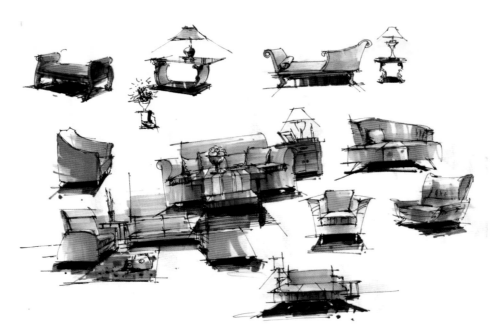

图 4-10　家具表现（2）

　　同时,在室内环境中布置各种具有观赏价值的物品,还能创造令人愉悦的效果。这些常常出现在室内设计展示图中的元素除了能增加视觉上的吸引力,还能增强设计的表达能力,并进一步提高整体的空间品质,让环境更加生动且富有趣味。艺术性的摆设对于室内设计来说至关重要,因为它们通常起到关键作用,传达了文化和艺术的信息,并且也能强化空间氛围感。

1. 字画、印刷品、照片等常用表现

首先运用马克笔绘制相框和图像的基本颜色,然后增添一些细节信息,但不要把内部细节描绘得太过夸张,只需要用单色带过(图4-11～图4-15)。

图4-11 字画表现

图4-12 印刷品表现

图4-13　绘画表现

图4-14　照片表现

图4-15　装饰画表现

2. 花瓶等瓷器常用表现

首先使用浅灰调来展现展品的大小和形状（也就是所谓的黑白灰关系），然后以其原始颜色进一步刻画，并适当添加周围的环境色彩。需要注意的是，在运用原始颜色时必须选择相似颜色的组合，避免过度的反差，如图4-16、图4-17所示。

图 4-16　瓷器表现

图 4-17　花瓶表现

3. 小型雕塑常用表现

首先利用如钢笔和针管笔之类的绘画设备简明且形象地描绘雕塑的形状线条,然后使用浅灰色调来展示其在周围环境中的尺度感,并以雕塑自身的颜色涂抹一些复杂的地方,同时也适当添加一些背景色的元素。如此一来不仅能有效展现雕塑的形态特征,而且不会对整体的空间主题产生干扰(图4-18)。

图4-18　小型雕塑表现

4. 沙发表现

传统与现代风格的沙发各具特色,其材质包括布料、皮革及藤编等。对于沙发的绘制,我们可以依据其表面的特质选择相应的绘画技巧。例如,布艺沙发的表面呈现自然且优雅的感觉,我们可以在确定基本色调后添加图案,并对其形状做进一步修正;至于皮质沙发,它的表面显得紧实并且具有反射效果,因此可以通过使用线条连接来描绘它们的形状,并在颜料完全干燥后再刻画亮部和接缝部分(图4-19～图4-22)。

图4-19　沙发表现(1)

图4-20　沙发表现（2）

　　（1）对于沙发绘制初稿,需要关注的是沙发的尺寸与比例,无论形状如何繁复,这些参数是恒定的。首先以大型几何图形为起点逐步分解成更小的部分,然后描绘出细节的部分,在此过程中需要参考大型几何图形的透视线,只有这样才能够保证准确无误地完成小型几何图形的绘制;同时,线的勾勒应保持流利且富有生命力,通过线的轻微波动或快速转换来展示内部构造的真实感;可以在阴影区域及物体明暗边界的线段上安排线条,以此强化立体感和空间感。

　　（2）色彩处理过程中应注意三个主要方面:依据物体的自然属性选择深色的基础;自明暗交接处向阴影区域刷画笔触,避免完全覆盖,以便留下反射光源;使用更淡或者多彩的铅笔描绘阴影部分以增强透明度和立体感。中间层面应采用适当的色彩并且寻找一些笔触的变化;向上方向的光滑表面则需要保持空白状态,只需在最后的步骤轻微地添加一点颜色就足够了。

　　（3）绘制特定部位的图案和光影。在绘制靠背和扶手时,必须考虑它们与光线的相互作用,然后进行区分和绘制投影。要注意物体和地面之间的投影,必须深化颜色,这样才能增强物体的层次感,同时起到凸显物体颜色的作用。

图4-21　沙发表现（3）

图4-22　沙发表现（4）

5. 床体表现

在家居规划里,卧房区域同客厅一样关键,因此对于卧房的空间布局,我们需要重视实用性和舒适度。不过,床体设计的重要性更甚于其他部分,通常情况下,我们在考虑床体外观时,应该全面地思考其构造、性能、材料以及形状等各个方面的展示效果（图4-23、图4-24）。

图 4-23 床体表现（1）

图 4-24 床体表现（2）

6. 木制品表现

　　木制品的主要特点集中于色彩和纹理：色彩需要温暖，纹理应该自然。在制作木制品时，笔触不必过于繁复，简单几笔就能完全展示木材的质感。

　　木材表面具有一定的规则性和变异性，相互连接的部分呈现互相响应和平行的情况，但不会出现交错或杂乱无章的现象。各部分之间的密度应该有所差异，同时方向也需保持变动。通常情况下，木材表面的纹理非常细致，所以使用画笔时需要特别小心，确保它们的颜色比边缘线条更浅一些。在光线下观察到的木纹往往较为简化或者色调偏淡，而在阴影区域可以利用深且密集的纹理来达到黑暗的效果。木质桌子和椅子是室内绘画中经常被描绘的家居用品，它们构造精巧、形态优雅、尺寸适中，对丰富画面视觉效果有着显著的影响。各种类型的桌椅都有各自的特点，所以在展示这些物品时，需要注意的是，下方产生的阴影的大小应当与其长度和宽度相同，阴影的颜色不能太浓厚并且需要有一些笔触的变化（图4-25～图4-27）。

图4-25　木制品表现

图4-26　木质房屋表现

图 4-27　木制品纹路表现

7. 玻璃、金属制品表现

为了让反光物体的手绘呈现更逼真,我们应选择明度较低的颜色。同时,通过光线和阴影的运用,玻璃和金属制品能够展现更加立体的效果。

任何类型的茶几表面及地面的处理方式都是一样的,即会在特定的视角下产生对远方物品的映像。这种映像通常使用的是比原始色彩稍暗或者稍亮、稍淡的颜色。在绘制过程中需要注意四个方面:绘画时应保持笔触的垂直度;需要调整笔触的大小以增加层次感;控制好笔触之间的密度差异;注意笔触深度的变化(图4-28)。

图4-28　茶几表现

　　描绘远处景象的反射图像时，需要考虑到地表的基本颜色与物品本身的基础色彩。使用毛笔的方式应该是首先让其倾斜，然后沿着靠近地表边界或者拐点从顶部往下垂直涂抹，接着再将其翻正，并利用粗细不同的笔触来形成自顶至下的层次感，这种绘画技巧能使人产生一种视觉上的真实感和空间深度。

　　绘制不锈钢及金属产品时，我们需要注意质感和明暗对比（图4-29）。经过打磨处理的金属表面拥有极高的反射能力，能够清楚地映照出周边的环境元素，并且产生强烈的光泽亮点。因此，我们在描绘这类物品时，应先以冷灰调来构建其立体感，然后添加背景环境的阴影部分。由于这种材质有着较强的反射特性，在颜色深度方面显得较浓厚，同时色彩鲜艳程度也较高，需要按照纹理方向行笔，最终通过点缀的方式呈现闪耀的高光效果。那些未经打磨或带有哑光表面的金属器件的反射光线强度相对较低，缺乏明显的光泽焦点，且对周围颜色的反应并不显著。

图4-29　不锈钢表现

4.3　家居空间表现技法

　　家庭环境一般涵盖了卧房、餐厨和卫生间等区域。在家居空间表现中,我们需要遵守平衡法则。当使用一点透视手法表现家居空间时,我们要确保各个房间边界及家具布局达到和谐且多变的效果。此外,通过运用斜线视角,可以有效地破除因对称摆放而产生的单调感。具体如图4-30～图4-36所示。

图4-30　家居空间表现(1)

图 4-31　家居空间表现（2）

图 4-32　家居空间表现（3）

图4-33　家居空间表现（4）

图4-34　家居空间表现（5）

图 4-35　家居空间表现（6）

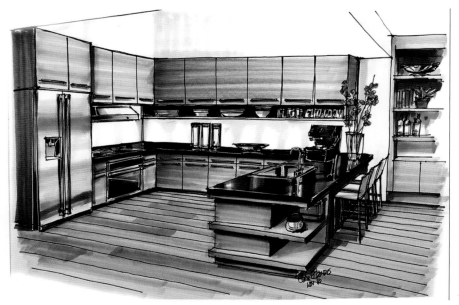

图 4-36　家居空间表现（7）

4.4　室内空间表现技法

　　居住环境的设计具有独有的特性，通常来说，它的内部空间大小适宜且存在一定的层次感。为了展示这种氛围,我们选择使用较为柔和、安静的颜色对墙壁和天花板进行涂装,同时为家居设备及装饰品添加些许多样化的色彩元素以增添活力,从而营造出一种温暖并令人感到愉悦的生活空间。

　　内部空间由三个主要的平面构建而成,即墙壁、地面及顶棚。每一种都有其独特的材质、元素、装饰性、纹理和反射方式。

4.4.1　墙壁的手绘表现

　　建筑物的墙壁可以被划分为大型的玻璃墙体(即玻璃幕墙)、大面积的小窗户、实体墙体、水平条形窗户等。对于玻璃墙体,我们应该重点关注其光影效果;对于实体墙体,则需要关注其质感表现。

　　墙壁的修饰应选择较为柔和且色彩较轻的效果,这是由于墙体作为室内空间的主要基底,过于突出的色彩会使人分心并影响整体环境的美感。相比之下,通过增加墙体的亮度来提升其视觉冲击力要比降低原本就具有高饱和度的颜色的强度更为有效。

1. 砖墙

　　砖墙是一种普遍存在的建筑材料,其反射效果相对较弱,常见的颜色包括橘红、蓝灰等,参见图 4-37。

图 4-37　砖墙

2. 石块墙

　　石墙的类型很多,但基本上可以分为两大类:一种是规则砌法的块石墙,另一种是乱石墙。石墙的绘画过程一般分为三步:首先制作墙面的统一色调,从明亮到暗淡;然后勾勒出每块石头,保留高光,描绘阴影,并仔细考虑颜色和虚实变化;最后画出部分石块的阴影部分(图 4-38)。

　　根据物质状态划分,建筑物可以分为坚固与柔韧、粗糙及平滑等类型。这些性质只反映出它们的特性,我们称之为内部特质。然而,通过观察它们是粗糙还是光滑,并分析其纹理,我们可以更好地理解它们的个性。为了构建理想的内外空间,我们需要利用不同类型的材料进行合理的组合,以打造独特的室内环境和提升设计的品质感。当我们描绘渲染图的时候,应精确且生动地使用绘画技巧,对不同的材料质感做适当的概括和推演,以便让渲染图中的材质更加真实和直接,从而增强手绘渲染图的艺术吸引力。

图4-38　石块墙

3. 玻璃幕墙

　　普遍使用的玻璃包括镜面、透明、磨砂、刻花和热熔等各式各样的工艺玻璃。与磨砂玻璃不同,其他玻璃具有较强的反光性能。一般而言,绘制玻璃幕墙时,我们会先画出背后的景物,然后绘制玻璃上环境的影子和亮光点(图4-39)。

图4-39　玻璃幕墙表现手法

4.4.2　地面的手绘表现

1. 木质地板

为了展示地面的效果,我们需要展现其表面纹路、色彩及光线和反射情况。描绘木质地板通常会采用沙色或浅棕色,并在此基础上添加一些褚石棕色来增强质感。同时根据辅助线条的指引给地板涂抹底色。接着引入分散的光影和反射效果,在这个阶段,我们会用土黄色的彩铅去勾勒桌子和椅子的暗部,再利用白色的铅笔画出窗户的反射效果,靠近光源的位置反射强度应该更高(图4-40、图4-41)。

图4-40　木质地板

图4-41　木质地板表现手法

2. 地毯

首先需要描绘地毯的边界线,然后确定地毯的基本颜色。如果地毯包含图案,应优先画出这些图案,再对地毯内部分层涂抹它的本体色彩,从淡到浓依次进行。使用与基本颜色相近但更厚重的绘画工具给图案及阴影部分着色,并以双色方式描绘地毯的质感和纹理,从而呈现具有绒毛感的视觉效果。

作为一种既传统又有现代感的地板装潢材质,地毯同时具备实用性和美观度,是一类富有艺术性的织物产品,被大量用于室内装修的设计之中。其色彩选择多样化且富有弹性及重量感,能够通过对特定场景氛围的描绘来增强或调节环境效果。在制作地毯的效果图时,通常采用轻盈、流利、简化的绘画技巧,并使其与墙壁、家具等刚性物质形成对比,使画面更加生动活泼。对于地毯纹理的表现并不需要过分详细,但是图案的空间变换必须准确无误,这样才能保证整个画面的空间稳定性。具体如图4-42、图4-43所示。

图4-42　地毯

图4-43　地毯表现

3. 石质地面

1）水磨石地面

地面上的水磨石颜色丰富多彩,图案精美且引人注目,常常会有一些反光。

先描绘出水磨石地面边缘线条;利用马克笔对水磨石进行着色;通过铅笔实现色彩过渡;添加小石头的效果到水磨石表面(若某一特定区域内的石子颜色有明显差异,需引入此效果)。针对地面的中央及四周的灰色部分,采用白色的铅笔尖部创造出石头反光的视觉感;运用白色的水彩树胶来增强光泽度；用长型笔刷的一角涂抹轻微的色彩，并以005号针管笔特别关注视角周围的部分（再次描绘边界线）。具体见图4-44。

图4-44　水磨石地面

2）抛光大理石地面

在制作视觉呈现的过程中，一般先完成对地面的设计，特别是那些有反射特性的地面。通过展示反射特性，设计师能明确反映地面色彩。相较于花岗岩，大理石的光泽度更高且更易被打磨，但它的密度较低、硬度也不高，因此在大面积使用方面不如花岗岩普遍，抗磨损能力也不如花岗岩强。

先给石头地板着色，添加反射及阴影效果。当处理抛光型石头地面时，应让反射效果更加明显，用硬质铅笔轻描即可。由于抛光后的地面能够映照周边环境的颜色，形成的图像要比实际场景暗得多。接着加深石头的纹理，并为其涂色，然后勾勒石头的边缘。具体见图4-45。

图4-45　抛光大理石地面

4.4.3　顶棚的手绘表现

当需要展示顶部聚光灯的光线影响时，顶部的色调应明显深于光线的色彩。绘画前，迅速描绘出光照环境的基本轮廓；在顶部添加渐变式的阴影效果，并用线条标记出受光部分的位置；利用铅笔来呈现光照的影响；插入亮度更高的反射点以增强视觉效果（图4-46、图4-47）。

图 4-46　顶棚 (1)

图 4-47　顶棚 (2)

Huanjing Yishu Shouhui Xiaoguotu Biaoxian Jifa

第5章
室外效果图表现手法

5.1 室外空间与物体组合表现

（1）在室外空间中，物体与其他物体之间的尺度比例需要协调且合理。

（2）由于受到自然光线的作用，室外环境呈现出丰富多样的颜色，这些颜色具有变化无常的特性。鉴于室外环境颜色的多元性和复杂性，在涂色过程中需要进行总结和概括。

（3）要处理好天、地、物的色彩明暗关系，可以采用"天明、物灰、地暗"或"天暗、物明、地灰"的黑、白、灰三色关系来表达。

（4）景物在室外环境中呈现出丰富的材质特征。例如，植被、水域、山峰和建筑等都有各自独特的特性，因此在进行颜色表达时，需要关注这些主要材质的特点并做出总结。颜色的选择既要反映物体本身的颜色，也要展示其周围的环境颜色。

（5）在设计室外空间时，需要注意其合理性。在规划布局时，应该考虑重点区域的特点，并突出主景区的风光。

（6）增强户外环境的空间层次感，对近景、中景和远景的处理需要明确且富有变化。主要景物应突出，次要景物应概括，远近虚实的变换应适当。具体如图5-1～图5-3所示。

图5-1　组合表现图（1）

图 5-2   组合表现图(2)

图 5-3   组合表现图(3)

5.2   室外树木表现

　　树木的品类繁多,可根据树木的高度、大小、树冠、树干等形态特征进行分类,包括乔木、灌木、攀缘木等不同类型。根据树木的形态,可以分为自然形态和人为修剪形态两种类型。要描绘树木的品类,可以参考相关资料或观察图片,并将其基本形态特征展示出来,逐渐熟练掌握一些常见树木的表现手法(图5-4～图5-6)。

图5-4　树木表现手法(1)

图5-5　树木表现手法(2)

图 5-6　树木表现手法（3）

　　对树木的表现手法包括自然的树形表现手法、人造的树形表现手法以及装点过的树形表现手法，可依据图像需求进行粗略或精细的描述，在展示过程中不仅能独立使用，还能结合应用。

5.3　室外空间设计与手绘表现实例

1. 居民区景观设计手绘表现

居民区并非独立存在的场所，而是与周围环境密不可分的居住空间。设计时，将周边的树木、花草等自然景观纳入居民区,打造一个与自然环境相融合的人文空间,使居民可以直接接触和欣赏这些景观(图5-7)。

图5-7　居民区效果图

2. 公园景观设计手绘表现

作为公众享受乐趣与放松的主要地点,公园通常融合了人工元素和天然美景。其内设有多种场地设备,如硬化地面、绿茵场、喷泉池塘或遮阳长廊等,以满足人们的休憩需求并增添趣味。在描绘这个场景时,我们需要关注各种设施、人群及周围环境之间的和谐互动,如图5-8所示。

图5-8　公园效果图

3. 广场景观设计手绘表现

城市广场作为一个公共空间,其主要功能首先是行人休憩,其次才是人群聚会。在展示时,城市广场的大型空间通常是主要的表现内容,因此,我们必须注意对整体色调和空间的掌控(图5-9)。

图 5-9　广场景观设计手绘表现

4. 市政道路景观设计手绘表现

随着都市化进程的加快,城市的市政道路也在不断完善中,其中包含了我们作为设计师需要关注的重点——视觉效果设计。市政道路具有独特的性质,通常会呈现整洁且单调的特点,甚至可能采用对称的设计方式。所以在展现这些道路的时候,需要注意两侧的变化及植被的高矮层级关系(图5-10)。

图 5-10　市政道路效果图

第6章

优秀作品展示

优秀作品展示如图6-1～图6-15所示。

图6-1～图6-5由陈诗派绘制,图6-6～图6-15由黄健烽绘制。

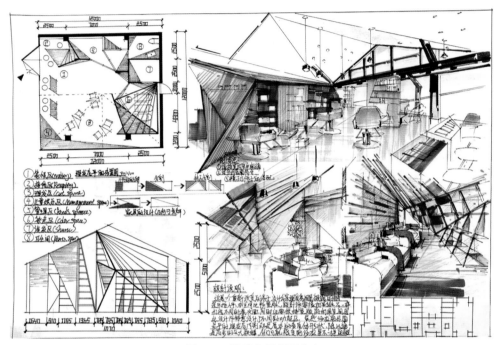

图 6-1　优秀作品展示(1)

图 6-2　优秀作品展示(2)

图6-3　优秀作品展示（3）

图6-4　优秀作品展示（4）

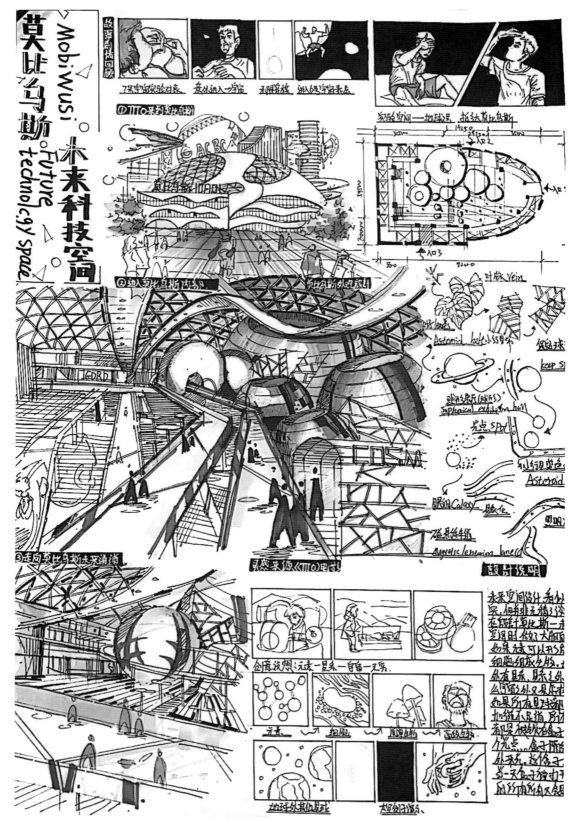

图 6-5　优秀作品展示（5）

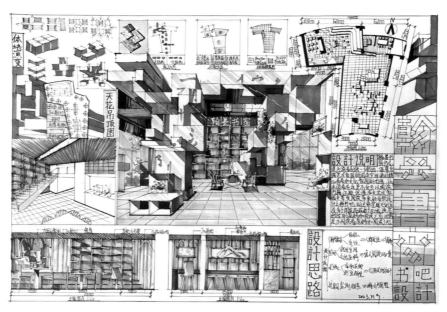

图6-6　优秀作品展示(6)

图6-7　优秀作品展示(7)

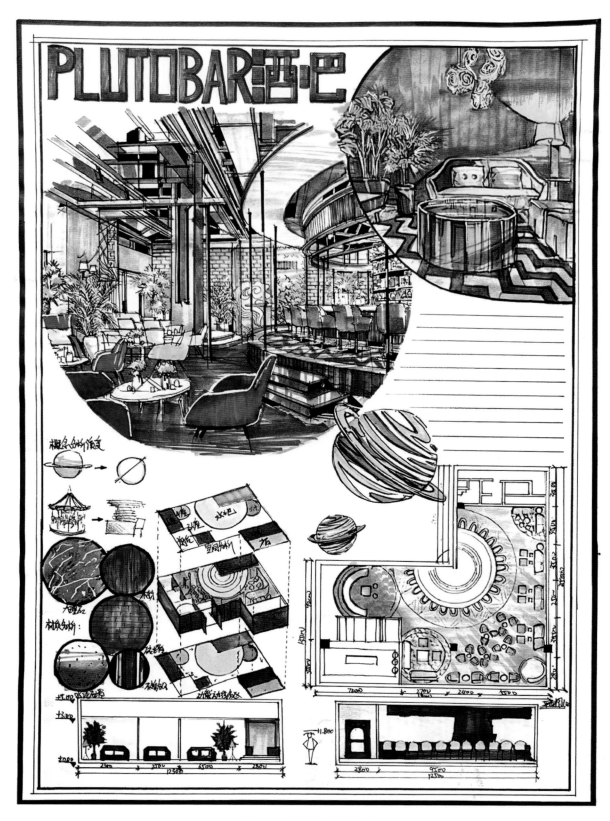

图 6-8　优秀作品展示（8）

图6-9　优秀作品展示(9)

图6-10　优秀作品展示(10)

图 6-11　优秀作品展示（11）

图 6-12　优秀作品展示（12）

图 6-13 优秀作品展示(13)

图 6-14 优秀作品展示(14)

图 6-15　优秀作品展示（15）